不听老人言,不光吃亏在眼前

你一辈子都要听的老话

刘江川 编著

中国华侨出版社
·北京·

前言
PREFACE

  中国有句老话叫"不听老人言，吃亏在眼前"。为什么要听老人言？因为老人的"老"，不光体现在年龄，更体现在智慧的古老、经验的老道、看待问题的深刻。姜还是老的辣，很多时候，时间本身就是一种资本。经历的事多，走过的路多，吃过的盐多，也就相当于在这个世界上接受过的历练多，对这个世界的认识就深刻，看人就能看到骨子里去。这些老人言都是来自生活，是我们的祖辈们吃过亏、受过苦、交过了学费后一点点积攒下来的。那些口耳相传的智慧，让我们无法不去敬畏。不听老人言，吃亏在眼前，听老人言，是一种智慧寻根。

  老人言是祖辈留给我们的财富，只不过它没有以实物的形式存在，而是一种以口耳相传的方式传播的智慧，也正因如此，老人言才显得更加的宝贵。因为口耳相传实际上是一个经过岁月大浪淘沙的过程，在这个过程中，岁月帮我们淘汰掉那些并不值得流传的经验，而留下来的就都是能够指导我们人生的至理名言。

  在一些成功的人身上，我们总能够看到他们遵循老人言的特质；那些失败者的身上，我们则可以清晰地察觉其违背老人言的行为。"忍得一时，风光一世"，这是老人言。韩信遵之而忍胯下之辱，终成一代名将；项羽未遵而乌江自刎，终令天下英雄扼腕叹息。"得意之时不可忘形"，这是老人言，曾国藩遵之自裁其军，终于得保天年；年羹尧未遵，居功自傲，落得被赐自尽的下场。"身轻失天下，自重方存身"，这是老人言，朱元璋遵之以广积粮、缓称王，终于雄踞天下；袁术未遵而夺玉玺、僭君位，终为天下所不容。"世上无难事，只要肯攀登"，这句老人言是对马云、俞敏洪这样的成功者最好的诠释；而"十个空想家，抵不上一个实干家"，这句老人言不也正好是那些天赋过人却耽于幻想而最终一事无成的失败者的注脚吗？由此可见，对于老人言这简单而朴素的生活智慧，我们是不能不重视的。

　　老人言是思想的火花、智慧的浓缩，隽永有味，字字珠玑。它们是立身处世的法则，是求索生活的道理。老人言内涵丰富，包罗万象，且实用性强，饱含生活的智慧，可以为我们的人生指引航向。只要你能听老人言，明白其中道理，并运用到实际生活中，必然会让你受益终生。

目录 CONTENTS

第一章 知识积淀：求学无笨者，努力就成功
——从实践中来，到实践中去

读书百遍，其义自见 / 2
好记性比不上烂笔头 / 6
不怕学问浅，就怕志气短 / 9
若得惊人艺，须下苦功夫 / 12
常说口里顺，常做手不笨 / 14
莫道君行早，更有早行人 / 18

第二章 求知益智：生活是知识的源泉，
知识是生活的明灯
——激活心中的无尽宝藏

近水知鱼性，近山识鸟音 / 24
咬着石头才知道牙疼 / 28

要知山下路，须问过来人 / 32

听君一席话，胜读十年书 / 37

自以为是，就什么也不是 / 41

第三章　事理规律：风不来树不动，船不摇水不浑
——掌握规律，从容人生

强将手下无弱兵 / 46

上有所好，下必甚焉 / 50

辅车相依，唇亡齿寒 / 52

行得春风，便有夏雨 / 55

冰冻三尺，非一日之寒 / 58

大船只怕钉眼漏，粒火能烧万重山 / 62

第四章　世态人情：世事如棋局局新
——完善自身，掌握主动权

取敌之长，补己之短 / 68

人见利而不见害，鱼见食而不见钩 / 70

身轻失天下，自重方存身 / 74

与其苛求环境，不如改变自己 / 77

礼下于人，人愿助之 / 80

退一步，才能进十步 / 82

第五章　生活处境：得意失意莫大意，
　　　　　顺境逆境无止境
　　　　——花开花落，顺逆有常

心安茅屋稳 / 86

塞翁失马，焉知非福 / 89

冬长三月，早晚打春 / 91

弓硬弦常断，人强祸必随 / 96

宠辱不惊，去留无意 / 101

有求皆苦，无欲则刚 / 105

第六章　个人涵养：茶也醉人何必酒，
　　　　　书能香我不须花
　　　　——为人若君子，不可损德行

诚信无须假于笔墨，美丽无须假于粉黛 / 108

常善人者，人必善之 / 111

虚怀若谷，谦恭自守 / 112

知足不辱，知止不殆 / 116

大智若愚 / 119

说话要诚实，办事要公道 / 120

第七章　工作态度：活着一分钟，战斗六十秒
——节制但不保守，进取但不冒进

窍门满地跑，就看找不找 / 124

世上无难事，只要肯攀登 / 128

刀不磨要生锈，人不学要落后 / 132

工作宜赶不宜急 / 134

三分苦干，七分巧干 / 137

不怕百事不利，就怕灰心丧气 / 140

第八章　行思之道：休将我语同他语，
　　　　　未必他心似我心
——思而不行则无用，行而不思则无功

老马识途 / 146

伤人之言，深于矛戟 / 149

一个篱笆三个桩，一个好汉三个帮 / 152

忍一时风平浪静 / 153

无声胜有声 / 156

三思而后行 / 158

第九章　放下得失：智者千虑必有一失，
　　　　　愚者千虑必有一得
　　　　——锁住目标，有的放矢

疑人莫用，用人莫疑 / 162

吃一堑，长一智 / 166

做事要分轻重缓急 / 170

再精巧的算盘也有算错的时候 / 173

只有大意吃亏，没有小心上当 / 175

第十章　机遇把握：君子藏器于身，待时而动
　　　　——善于捕捉时机，敢于果敢出手

逢强智取，遇弱活擒 / 178

将计就计，其计方易 / 182

机会从来不等人 / 185

不打无准备之仗 / 187

磨刀不误砍柴工 / 192

求人不如求己 / 195

进攻才是最好的防守 / 199

第十一章　成功创业：人凭志气虎凭威
——经营自己，创造无愧无悔的事业

不怕无能，就怕无恒 / 204

宁走十步远，不走一步险 / 206

保持谦逊才能邂逅成功 / 210

朋友可广交，但不可滥交 / 214

一寸不牢，万丈无用 / 217

卒子过河能吃车马炮 / 221

第十二章　喜怒哀乐：人逢喜事精神爽，闷上心来瞌睡多
——追求宁静，享受快乐

日图三餐，夜图一宿 / 226

欢娱嫌夜短，寂寞恨更长 / 230

蚕丝作茧，自缚其身 / 235

养生先养德，德高人自寿 / 236

攒钱好比针挑土，败家犹如水推沙 / 240

第一章

知识积淀：求学无笨者，努力就成功

——从实践中来，到实践中去

读书百遍，其义自见

晋陈寿曾在《三国志·魏志·王肃传》中说："人有从学者，遇不肯教，而云：'必当先读百遍'，言'读书百遍，其义自见。'"从字面意义看就是，要把一本书读一百遍，其中的含义自然就心领神会了。这里的"读百遍"只是概数，是一种强调的语气，有多次重复之意。意在告诉我们，"重复"乃学习之母。关于这点，古人还说过，"锲而不舍，金石可镂"，我们读书，要的正是这种锲而不舍的精神，只要静心研读，反复思考，定能悟出书中的"真谛"。如果每次都能从书本中悟出一些为人处世的哲理，日积月累，必将会开阔自己的胸怀和视野，在人

生道路上少走弯路，对以后的人生也是一种指导。

东汉末年，有一个叫董遇的人，少时家境贫寒，只能靠去田间卖苦力或走街串巷做些贩夫走卒的活计来养活自己。但无论做什么、走到哪里、环境多么恶劣，他总是随身携带着一些书，只要一有空就会孜孜不倦地读起来。后来，他发达了，做了官吏，仍坚持博览群书，不断丰富自己的学识，最终成了远近闻名的大学问家。

董遇成名之后，一时间很多俊杰才子慕名而来，想要拜他为师。这其中就有一个叫李尧的书生，李尧是董遇的同乡，少年时就研读了很多书籍，待年龄稍大些，渐渐喜欢上了历史典藏。初见面，一番寒暄之后，董遇问："年轻人，给你一本书，你会去读几遍？"

李尧恭敬地作了个揖，谦卑地答道："三遍。"

董遇问："此话不假？"

答曰："是真的读三遍。"

董遇很失望，摆摆手对他说："年轻人，你还是回去吧。"

李尧不解："先生，此话何意？我是诚心诚意地来向您拜师学习的，您为什么不肯收下我呢？"

董遇回答道："不是我不想留你，也不是你资质不够，我觉得你没有悟出治学的精髓所在。在你来此之前，早已有很多人来向我请教学习的方法，其实，也谈不上什么高深方法，我只是读书读的遍数多罢了。"

李尧满脸困惑地问:"先生会读多少遍呢?"

董遇笑了笑说:"文章至少要一口气先读上百遍。我觉得一篇文章如果不读很多遍的话,是很难理解文章的真正含义的。"

古人所谓"书读百遍,其义自见",说的就是这个道理。人们常说的"熟读唐诗三百首,不会做诗也会吟"也强调了精读和多读在学习中的重要性。孔子读《易经》至"韦编三绝",不知翻阅了多少遍。宋代大才子苏东坡满腹经纶,读《阿房宫赋》,夜不能寐,秉烛夜读,直到四鼓时仍不肯休。

鲁迅先生少时在课桌上刻"早"字,勉励自己勤奋,早已为我们所熟知。青年时,鲁迅在江南水师学堂读书,经常会准备几本书和一串红辣椒。每当晚上读书寒冷难耐的时候,又或者是夜深人静读书犯困的时候,就放一颗红辣椒进嘴里,慢慢嚼着,直到辣得唇齿发麻,四肢冒汗,困意全无,然后继续挑灯读书。由鲁迅先生的这个小故事,可以看到,"读书百遍"并不仅仅指读书的次数,还要有一种锲而不舍的刻苦精神,"其义才能自见"。鲁迅正是凭着这种驱寒读书的精神,成为中国现当代文学的一面旗帜。

无独有偶。我国著名的数学家张广厚,有次看到了一篇论文,觉得很适合自己的研究领域,于是就反复研读。这篇共十多页的论文,他反反复复地读了半年之久。因为多次翻阅,纸张泛黄,页面也已卷曲,他的妻子对他开玩笑说:"这哪叫读书啊,这简直就是'吃书'啊。"

种种事迹表明，读书对做学问的重要性是不容置疑的，但我们也会疑惑：人生命短暂，日常琐事繁多，用在读书上的时间更是少之又少；加之，在当今这个信息爆炸的年代，生活节奏加快，书读百遍，更是不可能，哪能挤出那么多时间在一本书或一篇文章上？这确实是一个很难的问题。

在前面董遇与李尧的故事中，李尧也问了董遇同样的问题。董遇答曰："读书时间就是挤出来的。冬天，大雪纷飞，无处劳作，人们都躲在屋子里取暖休息，这是读书时间；晚上，万籁俱寂，这也是读书时间；雨天，道路泥泞，人们不能出门劳作，这也是读书时间。你可以把这些时间利用起来读书呀！可以把它们归结为'三余'，即冬者岁之余，夜者日之余，阴雨者晴之余也。"

董遇的"三余"，用我们今天的话来概括就是：冬天是空闲的时间，夜晚是空闲的时间，阴雨天是空闲的时间。如果我们能抓住生活中的这些相对空闲的时间，何愁没有时间读书呢？

清朝一代名臣曾国藩是一位治学严谨、博览群书的理论家和古文学家。他一生以"勤""恒"两字勉励自己，教育家里的子侄。他说："百种弊病皆从懒生，懒则事事松弛。"他抓住日常生活中一切能读书的机会，甚至死前一日仍手不释卷。曾国藩曾经说过读书时要有"耐"字与"专"字诀，专穷一经，不可泛骛，今日不通，明日再读；今年不精，明年再读。

世间万象，皆为身外之物，唯有多读书，读好书能够启迪人的灵魂，让人心领神会，耳聪目明，志存高远。一本好书，就如夏日午后的清茶，淡淡的，让人沉醉，它可以在夏日里读出雪意，于山间闻到泉鸣。书在某种程度上说是社会文明的载体，也是人类进步的标志。

一本好书，可以改变人们看待事物的方式，改变人们的思维习惯，影响人们处事的行为方式，进而影响人们每天的生活，甚至可能会改变人一生的命运。古人所说："书中自有颜如玉，书中自有黄金屋。"书只有反复阅读，才能体会到其中的妙处，才能够从懵懂无知走向睿智豁达。爱迪生说："要让书成为自己的注解，而不要做一颗绕书本旋转的卫星，不要做思想的鹦鹉。"那就让我们先从熟读开始吧，做到每一本书都"书读百遍，其义自见"。

好记性比不上烂笔头

民间有句谚语叫："好记性比不上烂笔头。"说的是不管一个人记忆力多好，都会有忘事的时候，如果能养成在纸上多写几遍，或遇事记下来的习惯，就会好很多。其实，这句话出自我国明代著名文学家张溥的故事。

话说张溥年少的时候，天资愚笨，记忆力很差，在学堂读书的时候，老师说过的话，张溥经常是这个耳朵进那个耳朵出，一转眼就忘个干净。但张溥并没有为此气馁，反而读书愈加刻苦认真，心想："别人读一遍就能记住，那么我就读两遍。"一段时间之后，张溥发现这个方法虽然有效，但是效果并不是很

理想。有一次，张溥又把老师教过的文章，忘了个干净，一个字也想不起来，老师气极了，罚他把文章抄写十遍。张溥心中十分不情愿，觉得抄写十遍也没什么意义而且浪费时间，但是最终他还是认真按照老师的要求做了。没有想到的是，到了第二天，张溥竟然能流利地背诵出自己抄写的文章。张溥非常高兴，发现原来动手把文章抄写多遍对加强记忆有这么好的效果。从此以后，凡是重要的文章或是自己认为很优美的段落，他都会主动地抄写几遍，这样很快都能背出来，而且以后写文章时，一些语段也能信手拈来。

无论对于学习还是对于日常工作而言，勤动笔做记录都是一个良好的习惯，做笔记有利于整理自己的思维，帮助我们学习和记忆。在日常的学习过程中，及时地做笔记，可以使注意力更加集中到学习的内容上，同时做笔记的过程也是一个积极思考的过程，可以充分地调动眼、脑、手一齐活动，促进对所学知识的理解，同时做笔记还有防止遗忘、方便查询等好处。

美国著名心理学家巴纳特为了研究在听课学习的过程中，做笔记的学生与不做笔记的学生学习效果究竟有多大的区别，曾经以大学生为对象做了一个实验。他提供给大学生们一份大约有1800个单词的介绍美国公路发展史的学习材料,并且以每分钟大约120个单词的中等语速读给他们听。实验过程中,他把参加实验的大学生平均分成3组,要求每组学生以不同的方式进行学习。第一组为做摘要组,即要求他们一边听课,一边摘出要点;第二组为看摘要组,即首先给他们提供已经做好的学习要点,他们在听课的同时就可以参考这些学习要点,而自己不用动手做笔记;第三组为无摘要组,只是要求他们听讲,不给他们提供学习要点,也不要求他们自己动手做笔记。当三组学生完成学习之后,统一对所有的学生进行回忆测验,检查对文章的记忆效果。

实验结果表明,第一组学生在听课的同时,自己动手写摘要做笔记,考试成绩最好;在学习的同时有学习要点可以参考,但是自己不用亲自动手做笔记的第二组学生考试成绩次之;而单纯听讲而不做笔记,也看不到学习要点的第三组学生考试成绩最差。

通过这样一个实验可以充分表明做笔记对学习的重要作用。也许有人会说"我的记忆力好用不着这么做",但是在学习的过程中亲自动手去做笔记会起到事半功倍的作用。因为学习过程中,当一个人拿起纸和笔思考问题时,注意力很自然地高度集中,这样就有助于更全面地考虑问题,不但可以把学习的要点条理清楚地罗列出来,而且,还可以引出许多细节,帮助对所学内容更加深入地理解。相反,如果一个人只是呆呆地坐那儿想问题，思维就会很容易发散，不由自主就走神了，那么他就难以深入、全面地思考问题。

"好记性不如烂笔头"这个道理已经说得很清楚，在日常的工作、学习中，做笔记不但可以加深你的记忆，提高你的学习效果，而且，还可以帮助你成为一个工作高效、办事有条理的人。所以从现在开始，让你的双手变得勤快，不要再吝惜你的纸和笔，随手记下生活中的点点滴滴，这些点点滴滴汇集起来必将成为你人生当中最宝贵的一笔财富。

不怕学问浅，就怕志气短

这里有两个小故事：

汉朝时有个大学问家叫孙敬，他年少的时候特别爱学习，记忆力也非常好，从小就立志做一个有学问的人，故而经常晚上读书到深夜。但是读书的时间长了，有时不免打瞌睡，醒来后孙敬常常因为自己贪睡而懊悔不已。有一天，孙敬依然在书房里读书，当他抬头思考的时候，目光停在房梁上，顿时眼睛一亮，想出一个克服犯困的办法。他随即找来一根绳子，把绳子的一端系在房梁上，而另一端系在自己的头发上。这样，一旦他累了困了想要睡觉时，只要一低头，绳子就会猛地拽一下他的头发，产生的疼痛就会使他惊醒并且困意全无。从这以后，孙敬每天晚上读书时，都用这种办法克服自己的困意，发奋苦读，刻苦学习，终于成为一名通晓古今、博学多才的大学问家。

战国时期,有一个大谋略家叫苏秦,同时也是非常有名的政治家。苏秦年轻的时候,由于学问不深,虽然到许多地方做过事,但是都不被重视。回家后,就连他的家人也对他很冷淡,看不起他。这使苏秦深受打击,所以,他立志要发奋读书。他常常读书到深夜,每当困意来袭想睡觉时,就拿出一把锥子,一打瞌睡,就用锥子在自己的大腿上刺一下。这样,就会突然感到疼痛,使自己清醒过来,坚持读书。

这就是历史上"头悬梁、锥刺股"的故事。这两个故事虽然是说刻苦学习的,但我们也能从其中看出其他方面的道理。两个人之所以要如此刻苦,就是因为觉得自己的学问浅。同时,他们如此刻苦,则是因为有成大业、做大事的志气。正是有这样一种志气,他们才会有这样的行为。由此可见要想达到一定的学问、成就一番事业需要从小就要立下远大的志向,培养自己坚强的意志并付出艰苦的努力。而这其中,立志是取得成功的关键因素,没有志气的人会拈轻怕重,也不可能会磨炼出坚强的意志，最终只能是碌碌无为一生。老人们常说"学在苦中求，艺在勤中练。不怕学问浅，就怕志气短"，说的就是这个道理。

古代大思想家墨子有这么一句话："志不强者智不达。"就是说没有远大志向、意志不坚强的人，学问也不会做得很好。一个有高远志向的人，为了达到一个坚定的信念，可以不顾一切，勇敢面对各种各样的挫折和困难，排除前进道路上的所有障碍，义无反顾，大步前进。

司马光是我国北宋时期的大学问家。他小时候可是一个贪玩贪睡的孩子，和哥哥弟弟们一起学习，因为记忆力比较差，为此他没少受先生的责罚和同伴的嘲笑，在先生的谆谆教诲下，他立志要改掉这些坏毛病。为了提高记忆力，每当老师讲完书，哥哥弟弟们读上一会儿，勉强背得出来，便一个接一个丢开书本，跑到院子里玩。只有他不肯走，轻轻地关上门窗，集中注意力高声朗读，读了一遍又一遍，直到读得滚瓜烂熟，合上书，能够不错一字地背诵，才肯休息。

为了克服睡懒觉的坏习惯，他就在睡觉前刻意喝满满一肚子水，结果早上没有被憋醒，却尿了床。后来聪明的司马光把圆木枕头放到硬邦邦的木板床上，因为圆木枕头放到木板床上极容易滚动。只要稍微动一下，它就滚走了。头跌在木板床上，"咚"的一声，他惊醒了就会立刻爬起来读书。司马光给这个圆木枕头起了个名字叫"警枕"。

司马光即使做了官之后还是刻苦学习,一直坚持不懈,终于成为一个学识渊博的大学问家,并编写出了《资治通鉴》这样的惊世之作。而这些,都是因为他有一个伟大的志向。

"有志者事竟成,破釜沉舟,百二秦关终属楚;苦心人天不负,卧薪尝胆,三千越甲可吞吴。"无论现在的学问是深是浅,只要有志气,就一定能够做成事情。相反,就算现在学问很高,但是没有远大的志向,也只会是原地踏步,最终会被其他人超越,因为"学如逆水行舟,不进则退"。

若得惊人艺,须下苦功夫

一朵娇羞的花儿,开在春风中,引来踏青游人的不断地赞美,但要知道,花儿如果没有经历种子最初的黑暗、破土而出的艰难,以及成长中所经受的风吹雨打,是不能开得如此娇美的。

只有经历过万般的磨炼,才能练就创造天堂的力量;只有磨出茧的手指,才能弹出惊艳的绝唱。要知道"若得惊人艺,须下苦功夫"。著名科学家霍金就是很好的例子。

史蒂芬·威廉·霍金,1942年出生于英国。但不幸的是,在他青春年少时,就身患绝症,然而他并没有被病魔击垮,反而坚强不屈,战胜了病痛的折磨,成为一位举世瞩目的科学家。

霍金从牛津大学毕业之后,就立即进入剑桥大学读研究生,这时他却被诊断出患了罕见的"卢伽雷病"。不久之后,霍金就完全瘫痪了,失去了行动的能力。1984年,不幸再次降临,霍金因感染肺炎进行了气管切开术,从那之后,他就完全不能说话,只能依靠安装在轮椅上的对话机以及语言合成器与人进行对话;但他仍然坚持学习,看书要依赖一种机器帮助他翻动书页,读文献时需要请人将每一页都一一摊开在书桌上,然后他自己驱动轮椅挪动着地逐页去阅读,即使这样,他也没气馁,坚持不懈。

霍金用我们常人无法比拟的毅力,不断地探索,不断地前进,最终成为世界公认的科学巨人。霍金在剑桥大学曾担任过卢卡斯数学讲座教授一职,他的黑洞蒸发理论和量子宇宙论不仅在自然科学界引起强烈的反响,并且对哲学和宗教也有深远的影响。

勤奋出才能,勤奋出成果,成功必然要经历刻苦,刻苦是成功的敲门砖。正如爱因斯坦所说:"人们把我的成功,归因于我的天才;其实我的天才只是刻苦罢了。"所有伟大人物的言谈和行动,都告诉我们:"若得惊人艺,须下苦功夫。"我们也要认识到,付出不一定有回报,但想要回报,就一定要付出。因为只有付出了,你才有机会,才有成功的可能。如果不思进取,害怕困难而不去付出,失掉的不仅是奋斗的乐趣,更是成功的机会。

常说口里顺，常做手不笨

爱迪生说："天才是百分之九十九的汗水，再加上百分之一的灵感。"意思是说即使是天才也要流百分之九十九的汗水，再加上百分之一的灵感才会有成就。这就是勤奋的人们不断奋斗得出的至理名言。古今中外有成就的人不胜枚举，他们并非生下来就是天才，他们的才华也不是与生俱来的。他们的巨大成果都是通过他们不辞劳苦所取得的。这里所说的勤奋，也正是接下来要讲的，要常说常做，勤于动口和动手，正所谓："常说口里顺，常做手不笨。"

如果说梦想是成功的起跑线，决心是起步时的枪声，那么勤奋则如起跑者全力的奔驰，唯有坚持到最后一秒的，方能取得成功的锦旗。

司马迁幼年是在韩城龙门度过的。龙门在黄河边上，山岳起伏，河流奔腾，风景十分壮丽。这条中华民族的母亲之河滋养了幼年的司马迁。他常常帮助家里耕种庄稼，放牧牛羊，从小就积累了一定的农牧知识，养成了勤劳艰苦的习惯。在父亲的严格要求下，司马迁 10 岁就阅读古代的史书。他一边读一边做摘记，不懂的地方就请教父亲。

由于他格外勤奋，有影响的史书都读过了，中国三千年的古代历史在头脑中有了大致轮廓。后来，他又拜大学者孔安国和董仲舒等人为师。他学习十分认真，遇到疑难问题，总要反复思考，直到弄明白为止。在父亲的熏陶下，他从小立志做一名历史学家。

一天，快吃晚饭了，父亲把司马迁叫到跟前，指着一本书说："孩子，近几个月，你一直在外面放羊，没工夫学习。我也公务缠身，抽不出空来教你。现在趁饭还没熟，我教你读书吧。"司马迁看了看那本书，又感激地望了望父亲："爸爸，这本书我读过了，请你检查一下，看我读得对不对。"说完把书从头至尾背诵了一遍。

听完司马迁的背诵，父亲感到非常奇怪。他不相信世界上真有神童，不相信无师自通，也不相信传说中的神人点化。可是，司马迁是怎么会背诵的呢？他百思不得其解！

第二天，司马迁赶着羊群在前面走，父亲在后边偷偷地跟着。羊群翻过村东的小山，过了山下的溪水，来到一片洼地。洼地上水草丰美，绿油油的惹人喜爱。司马迁把羊群赶到草地中央，等羊开始吃草后，他就从怀中掏出一本书来读，那朗朗的读书声不时地在草地上萦绕回荡。看着这一切，父亲全明白了。他高兴地点点头，说："孺子可教！孺子可教！"

从20岁起，司马迁开始到各地游历，考察历史和风土人情，为他日后编写史书提供了充足的史料。做太史令后，他常有机会随从皇帝到全国巡游，又搜集了大量的历史资料。他还如饥似渴地阅读宫廷收藏的大量书籍。就在他写《史记》的时候，为李陵说情触犯了汉武帝，被关入监狱，判处了重刑。司马迁出狱后继续写作，经过前后10年艰苦的努力，终于写成了《史记》。这部巨著，对后世史学与文学都有深远的影响。

人的才能不是天生的，是靠坚持不懈的努力，靠勤奋换来的。科学家诺贝尔也是很好的例子。

诺贝尔的父亲是颇有才干的机械师、发明家，但由于经营不佳，屡受挫折。后来，一场大火又烧毁了全部家当，生活完全陷入穷困潦倒的境地，要靠借债度日。父亲为躲避债主离家出走，到俄国谋生。诺贝尔的两个哥哥在街头巷尾卖火柴，以便赚钱维持家庭生计。由于生活艰难，诺贝尔一出生就体弱多病，身体不好。当别的孩子在一起玩耍时，他却常常充当旁观者。童年生活的境遇，使他形成了孤僻、内向的性格。

诺贝尔到了8岁才上学，但只读了一年书，这也是他所受过的唯一的正规学校教育。到他10岁时，全家迁居到俄国的彼得堡。在俄国由于语言不通，诺贝尔和两个哥哥都进不了当地的学校，只好在当地请了一个瑞典的家庭教师，指导他们学习俄、英、法、德等语言，体质虚弱的诺贝尔学习特别勤奋，他好学的态度，不仅得到教师的赞扬，也赢得了父兄的喜爱。然而到了他15岁时，因家庭经济困难，交不起学费，兄弟三人只好停止学业。诺贝尔来到了父亲开办的工厂当助手，他细心地观察和认真地思索，学到了很多知识。

1850年，诺贝尔出国考察学习。两年的时间里，他先后去过德国、法国、意大利和美国。由于他善于观察、认真学习，知识迅速积累，很快成为一名精通多种语言的学者和有着科学训练的科学家。回国后，在工厂的实践训练中，他考察了许多生产流程，不仅增添了许多的实用技术，还熟悉了工厂的生产和管理。就这样，在历经了坎坷磨难之后，没有正式学历的诺贝尔，终于靠刻苦、持久的自学，逐步成长为科学家和发明家。

诺贝尔的母亲去世后，他把30亿瑞典币——一生的财产，全部捐献给了慈善机构，只是留下了母亲的照片，以作为永久的纪念。后人为了永远记住他，以他的名字命名的科学奖，已经成为举世瞩目的最高科学大奖。

是什么使不起眼的小男孩变成举世瞩目的科学巨人？是坚持不懈的努力。

勤奋出才能，勤奋出成果，古今中外都不例外。王祯是中国著名的农业学家。他走遍了南北方的十七个省区，经过十几年时间，才编成了巨著《农书》。书刚问世不久，王祯就去世了。《农书》的规模宏大，范围广博。全书共三十七卷（现存三十六卷，另有编成二十二卷的版本，内容相同），大约十三万字，插图三百多幅。其中包括《农桑通诀》《百谷谱》和《农器图谱》三大部分，既有总论，又有分论，图文并茂，系统分明，体例完整。

这样的例子不胜枚举。正如著名的数学家华罗庚说："勤能补拙是良训，一分辛劳一分才。"勤奋终能越过暂时的失败和挫折，而最后取得成功。

莫道君行早，更有早行人

相信很多人都了解奋斗对于人生的意义，我们自己也确实每天都在奋斗着。但是，一般我们都更多地关注自身，而很少关注别人。所以，我们总是能看到自己的付出，却看不到别人的努力。

可是，仔细想想，真的是这样吗？我们真的比别人付出得更多吗？我们有没有真的去观察过别人的日常行事和付出的努力？恐怕，很多人都会说，没有。那么，这时候，我们就要仔细思考一下了。我们要静下心来想一想，自己是否真的像想象中的那么努力。

关于这点，我们可以先来看一个故事，看看别人是怎么努力奋斗的。

欧阳修是我国著名的大文学家，唐宋八大家之一。连著名文学家苏轼也是他的学生，可见他的学问有多么精深。可是，你知道欧阳修的这些学问是怎么来的吗？靠天赋？靠领悟力？当然，这些都有，但主要的还是靠他自己的努力。

欧阳修4岁时父亲就去世了，父亲没了以后，家里失去了依靠，变得异常贫寒，自然也就没有钱供他读书。可是，他们家是一个重视知识的家庭，他母亲觉得，人可以贫穷，但是不能没有知识。

于是，就用芦苇秆在沙地上写画，教小欧阳修写字。还教他诵读许多古人的篇章。小欧阳修也很争气，他学习非常刻苦，虽然条件不好，但从不抱怨，而是每天兢兢业业，认认真真地写字、背书，知识积累也越来越多了。

到欧阳修年龄大些的时候，家里的书都早已经被他读完了，他便就近到读书人家去借书来读。当发现一本好书的时候，他还会把整本书抄下来，然后收藏。就这样，欧阳修凭借着夜以继日、废寝忘食的努力，一心致力于读书，才取得了后来的成就。

试想，如果我们能够做到像欧阳修那样，即使没有笔，在沙子上写字也要认真读书，还会有这样那样的抱怨吗？肯定不会了。所以，我们应该从刻苦奋斗的人身上学到东西，要明白，你本身认为的努力是没有多大意义的，跟人比较之后，发现比他人更努力才能说明问题。就像那句老话说的，"莫道君行早，更有早行人"。

其实人生就是如此，我们总是会高看自己，会从自己的感受出发，得出我们很努力的结论。可是，我们的这些结论很多时候都是有很大的局限性的。

此外，虽然时代变了，环境变了，但是道理是不会变的。不管到什么时候，想要成功，想要有所成，就必须努力，而且还要比其他人更加辛勤地努力。关于这点，除了欧阳修还有很多人都做得很好，下面，我们再举另一个例子。

孙康是晋朝人，从小就喜欢读书，可他家里很穷，父母没有钱供他读书，也没有钱给他买书。不仅如此，为了维持生计，孙康不得不很小就跟着家人去干活。这样，孙康白天就没有读书的时间，可由于家里太穷了，晚上没有灯，孙康晚上虽然有时间，也不能读书。

于是，小孙康就去问父亲："为什么别人家里有油灯，可以照亮夜晚，而我们没有呢？"父亲看了看年幼的儿子，回答说："灯油很贵，我们买不起，咱们要是买灯油的话，全家就都要饿肚子了。"小孙康听了后，若有所思地点了点头，从此再没提此事。

可是，环境的恶劣并没有阻挡住孙康求知的欲望，家里没书，就去借书读，屋里无光，就借着月光看书。

有一年的冬天，雪很大。夜晚的时候，月光皎洁，与地上的白雪交相辉映。孙康忽然发现，书上的字在雪地里突然变得很清楚。于是，他非常高兴，赶忙坐在雪地里看书，坐累了就躺在雪地里，借着雪的反射光线读书。此后，每当遇到下雪后天空出现月亮后，孙康都会不顾严寒，躺在雪地里读书，一读

就是大半夜。时间长了,孙康的手脚都长满了冻疮,但是凭借这种方法他读了很多的书,学到了很多的知识。最后,孙康终于学有所成,官拜御史大夫。许多人知道这个故事之后,非常感动,而孙康的故事,也被流传了下来。

看过这个故事后,是不是也会产生同样的感觉,那就是成功是来之不易的。是啊,任何东西都不会凭空从天上掉下来的,想想看,天上会掉给你成功的机会吗?那些获得成功的人,都是靠自己的努力去争取,去拼搏的。

如果你细心观察，就会发现，失败者们往往都有很大差异，他们的失败原因各有不同，但是，成功者们则不然，他们大都有很多相似的地方。而奋斗，就是其中一点。并且，他们都比一般人更能吃苦。就像欧阳修和孙康一样，虽然时代不同，方式不同，但他们的那股奋斗的劲头是一样的。

如果你把自己跟这些人比较一下，就会发现，那句老话"莫道君行早，更有早行人"，实在是太经典了。我们每个人都会觉得自己是足够努力的，都是行得早的，但是翻开那些成功者的履历，就会发现，他们比我们还要早。而他们，也正是靠着这种"早起的鸟儿有虫吃"的精神，才有了后来的成就。从今天开始，努力奋斗吧，学习欧阳修，学习孙康，让自己做一个真正的"早行人"。

第二章

求知益智：
生活是知识的源泉，
知识是生活的明灯
——激活心中的无尽宝藏

近水知鱼性,近山识鸟音

岁月催人老,但不要伤悲,别忘了老有所用。在老人的世界里有着丰富的为人处世哲学,其中"近水知鱼性,近山识鸟音"一句尤为精妙。如果仅从字面意思来看,就是临近水边,时间长了,就会懂得水中鱼的习性;深入山林,听得多了,就会辨别山中鸟的鸣叫。再深入思考一下这句话,就会发现这句"老人言"我们可以从三个角度加以理解:一是,实践出真知;二是,做事专一,熟能生巧;三是,把握实践的主动性。

启示一:实践出真知

诗云:"纸上得来终觉浅,绝知此事要躬行。"这句话也道出了"实践"的精髓。书本中的知识累积了前人的很多经验,能给我们带来很多启示。但通过读书间接获得这些经验虽然重要,自己亲身去实践,从中得来的第一手的知识,更能体现人生的大智慧。

明代李时珍可谓"实践出真知"的典范,他少时阅读了大量古医籍,发现其中许多毒性草药,却被当作可以延年益寿的良药,以致遗祸无穷。于是,他决心要重新编纂一部医药书籍,就是后来的《本草纲目》。在编写此书的过程中,由于古籍上的那些记载大都不甚清楚,往往弄不清药材的性状,以致真假难辨。这让李时珍深切认识到,"读万卷书"固然很需要,但"近水""近山"的切身体会更是必不可少。于是,他既"搜罗万书",又"采访四方",深入山林进行实际调查。

　　李时珍穿上草鞋,背起采药筐,远涉深山密林,遍访名医宿儒,搜求民间秘方,搜集药材标本,凡事必须亲自弄清楚才罢休。例如蕲蛇,即蕲州产的白花蛇,入药有医治惊悸、抽搐等功用。李时珍起初对它的了解,只是从蛇贩子、捕蛇人那里了解到的一些只言片语,而对蕲蛇的形态、习性等一无所知。于是,李时珍决定亲自进山观察蕲蛇,他请捕蛇人带他去了蕲蛇时常出没的山上,进行实地观察。经过长时间的近距离接触,李时珍在《本草纲目》写到蕲蛇时,就得心应手了,写得简明扼要:"龙头虎口,黑质白花、胁有二十四个方胜文,腹有念珠斑,口有四长牙,尾上有一佛指甲,长一二分,肠形如连珠。"

　　从这则事例,我们知道要了解入药的药材,并不能满足于走马观花式的观察,而是要一一亲身实践,对照着实物进行比对,这样才能准确细致地描述药材。深入思考这个故事,可以

发现"近水""近山"之后而能言的大道理：不要过度依赖"读万卷书"而要亲身"行万里路"，这样在做每件事情时，就容易把握该事物的发展规律，从而能够熟练掌握其处理方式。这对于那些不亲身实践的外行人来说，是难于上青天的事情，对"近山""近水"的人来说，则是得心应手之事。

启示二：做事专一，熟能生巧

在我们周围，有很多有目标有理想的人，他们努力，他们奋发，他们用理想去改变命运……但是由于在追求的路上往往会布满荆棘，他们可能会一改"近山知鸟性"的初衷，去追逐"鱼性"，这样不仅不会成功，反而离成功会越来越远。试想，山中本无鱼，哪来的"鱼性"可言？如果他们能坚持久一点，如果他们能更高瞻远瞩一下，他们就会得到好的结果——"近水识得鱼性"。

再深入思考，我们在生活和工作的道路上，即使选对了合适自己的领域，收获了可喜的骄人成绩。但也不能抱着自己的长处，沾沾自喜，这也未免夜郎自大了，试想，在你的领域之外，还有千千万万的行业，每个行业都会有自己的"状元"，他们懂得的事很可能你根本一无所知。

启示三：把握实践的主动性

克雷洛夫说："现实是此岸，理想是彼岸，中间隔着湍急的河流，行动则是架在川上的桥。"

我们每个人都有自己的理想，理想使我们的内心充满对生活的热情，使我们在面对苦难的时候能够为了理想去勇敢面对，然而，我们必须在理想的基础上，迈出自己的步伐，勇敢去付诸实践，才能实现理想。我们到了水边，我们进了山林，我们不去观察鱼的嬉戏、摆尾，不去欣赏鸟的悦耳动听的鸣叫，我们怎么可能识得"鱼性""鸟音"？下面一则小故事将会告诉我们把握实践主动性的重要性。

一个穷和尚和一个富和尚同住在深山古刹中。

有一天，穷和尚对富和尚说："我想去南海观世音那里去，您看我的这个想法可行不？"

富和尚不屑地问："你凭什么去呢？"

穷和尚说："一个紫金饭钵足够了。"

富和尚摇头说："我多年想租船南下，都没能做到呢，你凭一个紫金饭钵怎么走？"

几年后，穷和尚从南海观世音处归来，修得正果。富和尚懊恼不已，很是惭愧。

在实现目标的路上，总会有很多困难，不过很多困难未必真如我们想象的那么难以克服，不过是自己在吓唬自己罢了。就像那个富和尚，他最大的问题，就是没有去坚持自己的梦想。他总把希望寄托在以后，而懒于行动，但是不去行动，就永远没有机会。就如，聋人闭塞耳朵，那外界再美妙的声音都不能入耳，也就不能唱出美妙的歌声。

有人说，人生就如同骑着脚踏车奔驰，如果你不前进，就会翻倒在地。我们必须在人生的大道上选对方向，先确定到底"近水"还是"近山"之后，相应地去"观鱼嬉戏""听鸟鸣叫"，最后定能达到"知鱼性""知鸟音"的理想境界。

咬着石头才知道牙疼

老人言："咬着石头才知道牙疼。"比喻只有当遇到挫折后才能真切地明白自己做错了事情。那么"牙疼"了怎么办？去记恨、诅咒"石头"或者一味地感叹自己的不走运吗？还是我们以后就不吃饭了？我们都知道这么想是错的，事实是不但不能这么想；恰恰相反，我们还应该感谢"石头"，更应该从"咬到石头"中好好地总结经验教训，从而避免一而再、再而三地犯"咬到石头"的错误。

每当朋友职场不顺、生意失败或者生活遇到困难的时候，我们总会用"挫折是人生一笔宝贵的财富""失败是人生最好的礼物"之类的话来劝解、鼓励朋友。是的，在当今这个竞争激烈的社会，没有人会不劳而获，每个人都会遇到这样那样的困难与挫折。有句话叫"人生不如意十之八九"，正是对漫漫人生路的真实描述。我们必须认清人生就是一段历练，就是一个不断感受失败的痛苦，并从痛苦中吸取经验，获得成长的过程。恩格斯说："伟大的阶级，正如伟大的民族一样，无论从哪个方面学习都不如从自己失败所导致的痛苦中学习来得快。"这句话就是对这点最好的注解。

爱迪生是伟大的科学家、发明家。他从小就热爱科学，自己刻苦钻研，醉心于发明。爱迪生一生中，正式登记的发明达1300余种，其中很多发明大大方便了人们的日常生活，他因此也被称为世界发明大王。可谁又知道，这样一个伟大的发明家，从小因为家境贫寒，一生只在学校读过3个月的书。没有接受过正规教育的爱迪生，发明创造靠的不仅是聪明才智，更是艰辛的科学实践，他就是从一次次"咬石头"的经历中总结经验教训，才有了后来的成就的。例如爱迪生发明电灯时，为了找到合适的灯丝，先后实验过铜丝、白金丝等1600多种耐热发光材料，还实验了人的头发和各种不同的植物纤维达6000多种，光收集资料，就用了200本笔记本。这每个材料的背后都是一次实验失败的经历，我们可以想象，他在这一过程中付出了多少。

当时很多专家都认为电灯的前途暗淡。英国一些著名专家甚至讥讽爱迪生的研究是"毫无意义的"，是"在做一件愚蠢的事情"。一些记者也报道："爱迪生的理想已成泡影。"然而，面对失败，面对他人的冷嘲热讽，面对别人的质疑，爱迪生并没有退却。他说："我只是在多找到一种发明不出灯泡的方法而已。"他明白，每一次的失败，都意味着又向成功走近了一步。正是这千万次的失败成就了爱迪生一生的1300多种发明，成就了他"世界发明大王"的称号。

生活是多样的，有爱迪生那样能从"咬石头"中得到教训的人，也必然会有"咬石头"之后就立志不再吃饭的人。

相传,春秋战国时期,楚国有一个人走路去齐国,走出家门没多远,就因为路不平而摔了一跤,他爬了起来接着走,但是没走几步,又摔了一跤,于是他便趴在地上再也不愿意起来了。这个时候有个路人问他:"你怎么趴在地上不起来啊?快爬起来继续赶路啊!"那人却说:"既然爬起来还会跌倒,那我何不就一直这么趴着呢?这样我就不会再摔倒了。"

看了这个故事,你一定会认为这是一个可笑的楚国人,因为他被摔怕了,所以不敢再爬起来继续走路,因而他也就永远无法到达齐国。所以说,失败之后,你可以选择成为"爱迪生",也可以选择成为"趴在地上不愿意起来的人"。既然在通往成功的道路上失败不可避免,那就勇敢地面对吧。只有这样,你才能成就自己,取得成功。

但我们也必须明白,成功并不是我们想象的那么简单。俗话说:"台上十分钟,台下十年功。"可见通往成功的道路绝非坦途,必是一条充满荆棘的曲折道路。在茫茫人海中,绝大多数的成功人士有一段倍感艰辛,不断接受挫折和失败打击的经历。然而他们在面对这些挫折和失败的时候都坚持下来,并总结经验教训,最终成就了自己

更大的事业。

新东方英语培训学校的创始人和校长俞敏洪于1962年10月出生在江苏农村，在江苏省江阴市第一中学上高中。历经3次高考才于1980年考入北京大学西语系。作为全班唯一从农村来的学生，俞敏洪开始因为不会讲普通话，结果从A班调到较差的C班。在学习上，也遇到了不少的困难，他进大学以前没有读过真正的"书"，大三的时候又因患肺结核病而休学一年。终于，1985年他从北京大学毕业，并留校担任北京大学外语系教师，但因为在外从事第二职业，被北京大学给予行政处分。1991年9月，俞敏洪毅然从北京大学辞职，进入民办教育领域，开始追求自己的梦想，先后在北京市一些民办学校从事教学与管理工作。1993年11月16日，他创立了北京市新东方学校，并担任校长。从最初的几十个学生，自己一个人上街发传单、贴广告开始，踏上了新东方的创业之路。2001年，新东方教育科技集团成立，2006年9月7日新东方教育科技集团在美国纽约证券交易所成功上市。截至2011年5月31日，新东方已在全国设立了48所短期语言培训学校，6家产业机构，3所基础教育学校，1所高考复读学校，2所幼儿园，47家书店，累计培训学员1200余万人次。近年来，俞敏洪及其领衔的新东方创业团队已在全国多所高校举行上百场免费励志演讲，被誉为当下中国青年大学生和创业者的"心灵导师"。

俞敏洪经历了多次高考落榜及后来当老师的种种不如意，

最后才成就一番事业。从他的经历,我们可以看出在人生的道路上失败和挫折是不可避免的,只有勇敢面对,不断提高自己才能有一番作为。

我们都见过一种叫作"不倒翁"的玩具,无论你怎么推它、按住它,只要一松手,它立刻又会直立起来。"不倒翁"的重心在下面,所以它永远都不会趴下。人生也是这样,失败与挫折不可避免,只有不断地经受这些失败与挫折,人才能变得更加坚强。所以我们应该记住,无论什么样的失败,只要你能够像"不倒翁"那样跌倒后又能马上爬起来,跌倒的教训就会成为有益的经验,并帮助你在未来取得更大的成就。

既然失败与挫折是人生的必修课之一,那么,决定人生成败的就不是遭遇挫折的大小了,而是你面对挫折的态度。如果你选择逃避,"咬石头"之后干脆就不吃饭了,那么必将遭遇失败。如果能像爱迪生、俞敏洪那样,"咬石头"之后,不但不怨恨,反而感谢那"石头",并从这个过程中得到有益的人生经验,那么,你还会不成功吗?

要知山下路,须问过来人

据载,唐代长安城外有一位富甲一方的隐士,名叫张方之,字云游,他熟读古籍典史,精通音律,在当时深受风雅之士的尊敬,前来拜谒的各方人士也络绎不绝,可谓"盛极一时"。然而他丝毫没有表现出傲慢无礼的态度,相反,遇到疑难问题时,他会谦卑地向别人请教。

一日，门下的学生告诉他，远在千里之外的深山中，有一位知识渊博的老人，据传能倒背"四书五经"，深知天下之事。于是张方之不远千里，跋山涉水，用了大半年的时间，终于到了这位老人那里，取得一句"要知山下路，须问过来人"的真经。张方之听完了这句话，觉得很受启发，回去以后，更加虚心，不时向别人请教学问，终其一生都受到人们的尊敬。

故事中这位老人的"要知山下路，须问过来人"，从字面理解不难："一个人要想知道山下蜿蜒曲折的路到底通向何方，就应问问那些从山下来的人，他们走过，熟悉路径。"深究一下，老人的这句话是要我们明白："世间的很多事，不是凭着自己一个人的力量，就能完成的，我们遇到疑惑的事情或难解决的困难，一定要记得去向'过来人'请教，这样，我们在成功的道路上才会找到许多途径。"

那么所谓的"过来人"是怎样的人呢？

他可能是一位智者，熟读中外典籍，识得天下之事。他也可能是一位拥有实践经验的人，踏遍五湖四海，尝尽人间冷暖。一个有着丰富实践经验的人，他深知人生道路上哪条路是坦途、哪条路是险途，这是最为宝贵的经验，因为他走过，他知道其中的艰辛。他们是我们的良师益友，我们要懂得多与他们交流。这样我们在做事的时候，可以吸取他们的经验或教训，少走不必要的弯路。

人生的确有很多方法，就看你找不找。很多时候，我们可能因为学识、阅历、生存环境等一些原因，限制了我们对一些事情的了解，遇到这种情况，最好的办法就是去向那些知道此事的人请教。只要我们懂得了这个道理，事情也就成功了一大半。要知道学会了一种做事的方法，那么很多事情就会迎刃而解了。

古语说，"问则得之，不问则不得"，要想透彻懂得某种情况，就必须要向懂行的人请教。

孔子是春秋时期人，是我国古代伟大的思想家、教育家，也是儒家学派的创始人。然而孔子一点都不倨傲，他认为，无论什么样的人，也包括他自己，都不是一生下来就有满腹学问的。

一日，孔子前往鲁国国君的祖庙去参加祭祖大典，其间，他逐一向人询问所见到的不明白的事情。有人不解："孔子也要请教别人？"

孔子回答说："对于不懂的事，问个明白，这正是我知礼的表现啊。"孔子尚且如此，更何况资质平庸的我们呢？与其故步自封，不如多向人请教。

由古论今，现今社会中，我们也要养成乐于向有经验的人请教的习惯，不输于古人。我们经常看到，那些多问多看多学的人永远都是走在时代前面的人。而那些故步自封的人，大都没有什么成就。

有些人可能为此自怨自艾："我这么努力，我觉得我这么优秀,可为什么不能取得成功?到底输在了哪里?"其实,那些成功了的人,是因为能够赶上时代,他们也许并不比普通人聪明睿智多少,但他们善于抓住机会,有一种乐于请教的态度,懂得向别人学习,当新挑战出现的时候,不知多少人把宝贵的精力白白地耗掉了,那些成功的人,则是放下身段,谦虚地向过来人讨教,在起点上,就已经迈出了一大步。

"要知山下路,须问过来人",不仅是那些正在成功路上打拼的人要懂得这个道理,同样地,已经取得了一定成就的人,也应该了解其中的奥秘,不要以为自己取得了一点成绩就盲目自大,要知道天外有天、人外有人,人活在世上不可能仅仅凭着"一己之力"闯天下,总得有那么几个人生导师,否则人生的路是很曲折的。

有这样一位颇负盛名的老画家,他的画作力求工整严谨,精益求精。在作画时,哪怕一处细微的远景陪衬,他也要描绘得惟妙惟肖,力求画作没有一丝一毫的瑕疵。起初,他的画风迎合了时代,得到了界内外人士的高度赞誉,但随着时间的推移,也许因为时代变化太快,也许因为自己个人的原因,他的作品出现了很大的缺陷,他自己琢磨了许久,也没弄出个所以然来。他的一个朋友给他一个建议说,有一个年轻的画家以前遇到过类似的情况,不妨去问问他的意见。但这位老画家觉得自己去问一个后辈很没面子,就这样,他最终也没能解决自己作品的难题。后来,这位老画家在界内就默默无闻了。

我们可能会为这位老画家惋惜,但更应该看到不向有经验的人学习,是多么大的人生失误啊!你不要以为这只是不喜欢请教别人而已,没什么大不了。其实不然,人生中一个不起眼的态度,可能就会改变我们一生的命运。不管什么时候,一定要记住,一个人的力量永远是有限的,每个人都不会比别人强多少。只有端正态度,懂得向别人请教,这样才能让你学到更多,也得到更多。我们要谨记"要知山下路,须问过来人",虽是一句古话,但道理永存,按照这个标准行事,将会一生受用。

听君一席话，胜读十年书

日常生活中，我们经常听到人们说："听君一席话，胜读十年书。"其实，这句话的原话是"同君一夜话，胜读十年书"。而且，这里面还有一个很有意思的传说。

深山古寺之中，忽然不知从哪儿传出悠远嘹亮的笛声，声声惊起沉睡的鹧鸪，三两只拍打着翅膀，一路鸣叫着渐渐远去，这夜更显得幽静。

月下纸窗内，一僧人、一书生伴着孤灯。

书生是进京赴考的，他只顾着赶路，眼看着天已经黑了，错过了客栈，没有地方投宿，只得到山中古寺中留宿。僧人告诉他，因为寺内近来香火冷清，也只能供给书生一些粗茶淡饭，虽然这样，书生也很感激，前去僧人住处答谢，寒暄之后，二人闲聊几句，僧人与书生聊得很投机。

僧人问书生说："先生，万物都有公母，那么，大海里的水怎么分公母？高山上的树木怎么分公母？"

书生一下被问住了，寒窗苦读了十年，从没有看到哪本书籍记载此事。于是，书生虚心向僧人请教。

僧人说："海水中有波浪，一般认为波为母，浪为公，因为波小浪高，公的总是强大些。"

书生觉得道理，连连点头，又问："那树，怎么辨别公树、母树呢？"

僧人说:"公树就是松树,'松'字不是有个'公'字吗?梅花树是母树,因为'梅'字里有个'母'字。"

书生闻言,恍然大悟,觉得很有道理。

这事也巧了,书生到了京城,进了考场坐定,内心忐忑地把卷纸打开一看,惊讶地发现,皇上出的题目,正是僧人那夜说的"万物公母"之说。书生很高兴,不假思索,一挥而就。

不久,皇榜之上,书生金科第一名。皇上特赐他衣锦还乡,路上他特地绕道去那日留宿的寺庙之中,答谢僧人,奉上丰厚的香火钱,还亲笔写了一块匾额送给僧人,上面题的是:"同君一夜话,胜读十年书。"

从此,"听君一席话,胜读十年书"便传开了。

这只是一个仅供娱乐的小故事,不能当真。试想,一国皇帝再荒唐也万万不会出如此荒诞的题目,就是皇帝有此想法戏谑一下考生,那一国的治国谋臣,也断然不会同意。且不说这个传说的真假,仅仅"听君一席话,胜读十年书"这句话,就大有学问。学知识,并不只是埋头苦读,还要善于与人交流沟通,并且要与学识渊博的"良师"沟通,听他们一席教导,可能抵得过读很多本书。人生路上,如果想取得一番成就、成就一番大事业,与人沟通,得到"良师"的帮助,非常重要。

被誉为"短篇小说之王"的莫泊桑在文学上能取得如此大的成就,就与自己的"良师"是分不开的。莫泊桑的母亲对儿子期望很高,希望他在文学上能有所成就。母亲算是他第一个

"良师",她亲自教莫泊桑学语言,以此启发、鼓励他写诗。但是,她也认识到自己的力量是有限的。儿子要想成才,必须有一位德高望重的好老师来指导。经过母亲的多方努力,最终,大文学家福楼拜答应指导莫泊桑进行文学创作,莫泊桑经常把自己的很多作品拿去给福楼拜阅读,福楼拜也提出自己的指导意见。后来,在福楼拜的严格教导和精心培育之下,莫泊桑成功地走上了文学之路。

福楼拜和莫泊桑师生之间的情谊,是世界文坛上流传已久的佳话。纵观古今中外,有所作为的人大多有交心的朋友以及一两个"良师"。他们通过自己的努力,再加上"良师"的指点,终于取得了巨大的成就。

但我们也要注意,与人沟通,并不是每次都会遇到"良师",也并不是每听一席话,都能胜过"十年书"。很多时候,我们可能会遇到对自己思想发展不利的人,这也是在所难免的。为了避免交到不利于自己发展的人,我们就要注意,在选择沟通交流对象的时候,一定要注重其内在素养、品格涵养以及学识思想,其应该在自己的能力之上,交流起来才能学到对方的长处,从而提高自己。《论语·学而》说:"主忠信,无友不如己者",告诫世人交友择师要选择各方面比自己强的,才能对自己有益处。

那么,我们怎么才能避免交到不利于自己发展的人,交到之后又该怎么办呢?这时候,不妨学习管宁。

一日，管宁和华歆两个人一同在园中锄地时，他俩同时发现地上有一块金子，管宁看都不看，把它当成石头瓦砾，而华歆却拾起察看一番之后才扔掉。管宁认为华歆利欲熏心，并不是君子所为。

又一日，大门外有官员的官轿以及随从前呼后拥地经过，管宁当作没看见，仍然专心读书，但华歆忍不住放下书本跑出去看热闹。管宁认为华歆贪慕权贵，也不是君子所为，于是毅然对华歆说："看来你不是我的朋友。"并割断坐席，与之断了交情。

因此，在现实情况下，不仅要与人沟通，还要懂得分辨优劣。只有这两点都做到了，才能够达到听人一席话，胜读十年书的效果。否则，可能会适得其反，让自己变得更糟。孔子的"三人行，必有我师焉。择其善者而从之，其不善者而改之"，说的就是这个道理。

总之，如果要想成功，就要经常向知识渊博的"良师"请教，对他们提出的观点融会贯通；对他们提出的一些中肯的建议虚心接受。当然，也不能对别人的言论采取盲信的态度，也要学会分辨。只有这样，你才能学到比书本中更多的知识，才能体会到那种有人"指路"给你带来的方便，才能体会到"听君一席话，胜读十年书"的乐趣。与人沟通，与"良师"沟通，彼此思想得以交流，彼此心智得到提高，这本来就是人际交往中的一个至高境界。

自以为是，就什么也不是

马尔科姆·福布斯在其所著的《思想》一书中曾援引巴尔塔沙·葛拉西安的话说："人若天天表现自己，就拿不出使人感到惊讶的东西。必须经常把一些新鲜的东西保留起来。对那些每天只拿出一点招数的人，别人始终保持着期望。任何人都对他的能力摸不着底。"

美国钢铁大王卡内基曾给一个即将登上经理之位的踌躇满志的年轻人这样的劝告："这个位置很适合你，你也有能力做好这份工作。不过，请谨记，你既然准备接受这份工作，就要马上着手解决问题，要知道，其他人也能发现问题。全力以赴地去做好你的工作，但同时要注意你的后面，看看是不是有人掉队，如果后面没有人跟着你前进，你就不是一个称职的领导。别忘了，你并不是一个不可取代的人，在你感觉情况还不错的时候，要尽量冷静地思考一阵，你的幸运可能是你的机会好，交上了好朋友或是对手太弱。一定要保持足够的谦虚，不然的话，现在有12个人可以胜任这个职位，我相信他们当中一定会有一两个干得比你出色。因此，千万不要自以为是。"

一家公司生产线的产品经理对着人事主管抱怨："你给我的都是些什么人？"3个新进公司的大学生要进行入职培训，他负责带着他们去车间参观、体验，希望通过参观和体验让大学生对公司的产品和产品线有感性的认识。谁知，3个人来了之后,一脸不情愿不说,边看边议论。"这套设备怎么看上去很旧的样子?经理,公司为什么不从德国进口设备呢?德国的机械可是很出名的。""我觉得公司应该舍得在设备上花钱,可以节约人力成本!""经理,我觉得工人这样分组轮班的体制有问题,应该……"这些新人对人员安排、公司设备管理、资金分配等大问题高谈阔论一番。但到了操作体验阶段便敷衍了事,错误百出。

产品经理对这些新人也是满肚子牢骚。让这些"小皇帝"下车间参观体验,他已经是耗费口舌。"我们又不是工人,参观就行了,何必要体验?""与其让我们把时间浪费在操作体验上,不如换成流程管理等培训更有价值。"

刚毕业的大学生过分认为自己条件优越,眼高手低,还经常对工作指手画脚,没有一丝谦虚好学的态度。从哲学意义上来界定,谦虚应该是对社会环境和自身价值的认识,它符合用客观、运动辩证的观点认识社会及人生。松下幸之助说:"因为有了感谢之心,所以才能引发惜物及谦虚之心,使生活充满欢乐,心理保持平衡,在待人接物时免去许多无谓的对抗与争执。"谦虚是人类特有的一种自我反思、总结经验的能力。人类社会不断进步，只要我们时刻保持健康的心态、豁达的胸怀，成功就会与我们同在。

在工作中，一定要保持谦虚的工作态度，不要傲慢自大，但同时也要正视自己的贡献。卢梭曾经说："伟大的人是绝不会滥用他们的优点的，他们看出自己超出别人的地方，并且意识到这一点，然而绝不会因此就不谦虚。他们的过人之处越多，他们就越能认识到自己的不足。"IBM 创始人老托马斯·沃森告诉他的员工"没有永远静止的东西""我们永远不能自满"。

古希腊有一位先哲说过这样的话："傲慢始终与相当数量的愚蠢结伴而行。傲慢总是在成功即将破灭之时出现。傲慢一现，谋事必败。"一个人如果太骄傲了，就会变得妄自尊大，谁都瞧不起，谁都不放在眼里，就算有人劝他，他也固执地坚信自己的所作所为没有错，而听不进任何劝诫的话，不承认客观实际，目空一切，最后只能成为孤家寡人，走向失败。

为了启发人们谦虚处世，列夫·托尔斯泰打过一个很有意思的比方："一个人就好像是一个分数，他的实际才能好比分子，而他对自己的估价好比分母，分母越大，则分数的值越小。"

一个容器若装满了水，稍一晃动，水便溢了出来。一个人若心里装满了骄傲，便再也容纳不了新知识、新经验和别人的忠言了。长此以往，事业或者止步不前，或者不断受挫。

古人云:"满招损,谦受益。"谦虚是美德。真正的谦虚,是自己毫无成见,思想完全解放,不受任何束缚,对一切事物都能做到具体问题具体分析,采取实事求是的态度,正确对待;对任何方面的意见,都能听得进去,并加以考虑。这样的人能做到在成绩面前不居功,不重名利;在困难面前敢于迎刃而上,主动进取。

谦虚并不是卑己尊人,而是既自尊也尊人。如果一个人懂得谦虚地对待生活,不管是在成功的时候,还是在失败的时候,谦虚都一定会让他的生活更加充实,在人生的旅途中收获成功。所以,要谦虚,不要自以为是,你的生活和工作会更加美好。

第三章

事理规律：风不来树不动，船不摇水不浑

——掌握规律，从容人生

强将手下无弱兵

很多人都应该听过这样一个比喻:"一头狮子带领一群绵羊,经过一段时间之后,发现每只绵羊皆有如狮子般勇猛的性格。那么反过来,一只绵羊带领一群狮子,久而久之,每头狮子都会变得和绵羊一样的温顺,失去了斗志。"这就是"强将手下无弱兵"的道理。

何为"强将手下无弱兵"?

根据《辞海》解释,将,即将领,是领兵的将领。兵的含义是武器、战士,或与军事战争有关事物的统称;兵可以指单独某个个体,也指兵团部队。"强将手下无弱兵"也就是说,英勇的将领部下没有软弱无能的士兵,比喻好的领导能带出一支好的队伍。强将相当于一个优秀的领导者,他必须有很强的结果导向,以及敏锐的判断力等能力,而他领导的团队在发展过程中必然会优胜劣汰,弱兵总会被强兵取代。

"强将"不仅指自身强悍,屡立战功;而且也指的是懂得用人之道,懂得把合适的人放在合适的位置,使他们充分发挥自己的才能,从而变得更加强大。真正的"强将"能激卒成将,使手下的每个人都能独立作战,发挥出更大的潜能,取得更大的成功。

将和兵是一个团体中的不同分工,将是决策者,兵是行动者。强将之所以为强将，是因为在决策方面有其独到之处。而兵作为执行者，在整个团队中是不会以个体形象出现的，他只是构成团队的一个分子。一个出色的决策者手中必然会有一个高效运作的团队，如果失去了这样一个团队，那强将也就不能称为强将。将之强，也就是团队之强，团队之强，靠的是个体之强。

我们都知道岳飞，南宋著名的将领。他背刺着母亲期望着的"尽忠报国"，心怀收复中原的赤胆忠心，带领着他的岳家军，打得金将闻风丧胆，节节败退。如果仅靠着叱咤风云的岳飞自然不能够取得一次又一次的成功。正是由于岳飞的优秀影响了整个岳家军的每一个士兵，再加上岳飞的卓越才能，对待士兵纪律严明，赏罚得当，没有一个士兵不服，没有一个士兵不从，怎能不造就出一个强兵满营的岳家军呢？同时，这样一来，强将手下有强兵也就是一种必然了。

除此之外，我们还可以从哲学的角度分析。退一步想，从士兵的主观因素分析，假设士兵的身体素质极差，甚至所有士兵都是老弱病残，那么很容易想象强将手下也未必是强兵了。众所周知，事物是普遍联系的，事物之间是互相影响、相互作用的，要保证团队的有效运作，在内部个体之间必然将有一套良好的竞争淘汰机制，这也是对将之强的一个考验，没有能力管理好自己的团队，清除害群之马的将，是不能被称为强将的。一个强将要完全可以依靠他的军事才能训练，改变他的士兵。

正所谓，兵熊熊一个，将熊熊一窝，强将手下无弱兵。

很多人自己很强，但是不会用人，这样的人是不能称为强将的。

吕布就是一个例子。

关于吕布的评价很多。陈寿评价："吕布有虓虎之勇，而无英奇之略，轻狡反复，唯利是视。自古及今，未有若此不夷灭也。"曹操评价："布，狼子野心，成难久养。"

吕布的一生，虽然有轰轰烈烈的开始，但最终没能成就一番事业。这跟他的用人之道有关。吕布生性狡诈，为人反复无常，唯利是图，注定了其能称雄一时而不能称霸一世。在三国中，吕布堪称是天下无双的一流武将，曾在虎牢关大战刘备、关羽、张飞三人，也曾一人独斗曹操军六员大将，武艺超群。曾有人作诗称赞吕布："切切情长总是痴，英雄无奈醒来迟。一从赤兔奋蹄去，万古唯留驻马石。养虎饲鹰不自值，志节何必更曾失。应知大耳多无义，枉论辕门射戟时。至今念念思悠悠，血染连环未忍收。多记虎牢龙起处，何来三姓与人留？"

吕布擅长骑射，臂力过人，号为飞将，闻名于并州。吕布虽骁猛善战，然而无谋而又多好猜忌，又易听信谗言，也不善于用兵，手下虽有张辽、高顺等猛将跟随，但却未尽其用，被曹操围困大军三个月，手下离心离德，而且出了侯成、宋宪、魏续等反叛小人。从吕布的一生悲惨的下场看来，"强将"虽然勇猛，却没有调教出强兵，结果被曹操打败并被斩首。

从吕布一生的轨迹中不难发现，吕布智商肯定异于常人，不然他不会有如此高的武艺；吕布情商也不输于他人，不然他不会赢得美人"貂蝉"的垂青。这就出现了一个悖论，为什么如此出色的一个人物，却是这样的悲剧人生？简单总结一下：没有战略眼光和战略思考能力，唯利是图，不懂用兵之道。

"强将手下无弱兵"，也不能一概就认为，"将"总比"兵"强。有可能有这种情况，"强将"手下的兵一度比"将"能力强大。这时，如果"强将"本身嫉贤妒能，像《水浒传》里面，假面书生王伦容不得林冲一样，强兵就当然无法在其手下安身。在现实生活中，形形色色的王伦之流难道还少吗？他们喜欢忠实听话的奴才，重用庸才，容不得人才。虚怀若谷的"将"恰恰相反，他们善于使用比自己更强的人，为自己所用，对自己成功有利的人才，干吗舍弃。实际上，善于用强者才是更强者，这才是真正的"强将手下无弱兵"的精髓所在。吕布的问题也正在于此。

一个人要想让自己成为强者，就要拥有一种"向强者学习"的精神，只要对方是强者，就要表示应有的尊重，并向他学习。只要拥有了这种强大的精神，就会不断地追逐强者，使得自身不断进步。

因此，我们应该知道，如果你是一个"将"就要有容人之量，有用人之能，只有这样，你才能成为强将，带出强兵。当然，大多数时候，作为一个普通人，很少有成为"将"的机会，这时候，就需要找一个领路人了，也就是找一个"强将"来带领我们，帮我们成长，即使做一个兵，也要做最强的"兵"。只有我们处在一个有竞争力的环境，我们的身边都是"强将"和"强兵"，才能够让我们学到更多的东西，也才能取得更大的成就。

上有所好，下必甚焉

大汉王朝的一代明君光武帝曾说："治理好一个国家的关键在于上位者是否具有道德上的大智慧，是否懂得用仁爱去滋养黎民的心，而不是助长一种唯利是图的不良风气；评价一个国家的标准，在于老百姓是否能安居乐业，而不是国库有多少存金。"他深深地懂得这样一个道理："上有所好，下必甚焉"，在上位者，如果把老百姓安居乐业作为头等大事，国家便兴旺发达；而当上位者只是一味地追逐自己利益的时候，天下就会陷入困苦和动乱之中。

"上有所好，下必甚焉"一句出自《孟子·滕文公上》："上有好者，下必有甚焉者矣。"其字面意思不难理解："处于上位的人喜欢什么、爱好什

么,下面的人就会效仿,一定会喜欢得更厉害。"乍听起来,这话平白无奇,或许当年孟老夫子说出这话,只不过是对当权为政者的一句劝诫罢了。然而仔细研究一番,我们就会发现这是一句"非先贤不能道也"的至理名言。寥寥一句,便高度概括了"治国平天下"之道,便将当政当权、为官为尊者的个人爱好与一国、一地、一个群体的风化风气之间的关系说了个透彻,切中要害。

"上有所好,下必甚焉",古来有之,如楚王爱细腰,宫中多饿死。

"昔者楚灵王好士细腰,故灵王之臣皆以一饭为节,胁息然后带,扶墙然后起。比期年,朝有黧黑之色。"用通俗的话讲,就是古时候,楚灵王喜欢腰细的人,为了投其所好,他的大臣们为了使自己的腰纤细。每日惶恐,不敢吃太多的饭,就怕腰部臃肿,失去帝王的宠信。而且每天上朝之前,都先吸气收腹,屏住呼吸,然后把腰带束紧,扶着墙壁勉强站起来。到了第二年,满朝文武大臣,脸色都变为黑黄色,呈现严重营养不良的状态。试想,大臣们连自己的身体都羸弱得不行,哪有心思去帮助帝王处理国事,后果可想而知。

也正因为这"上有所好,下必甚焉"的道理,古今贤哲从未间断地劝诫君王或在上位者"率身垂范"。作为在"上位者",治国平天下,要少一些权贵虚荣心,多一些爱民之心,以身作则,在思想和行动上起表率作用。

辅车相依，唇亡齿寒

熟悉中国历史的人都知道"辅车相依，唇亡齿寒"的故事，也明白其中包含的道理。我们不管处在怎样的社会中，都不可能仅靠一己之力，就能生存下去。我们必须或多或少与周围的环境发生这样或那样的关系。这个世界就是一个相互间利益交织的复杂体，一旦你牵扯到其中的某一根脉络，其他的脉络也必然跟着动。渔夫们住在湖边，靠捕鱼为生。那么渔夫和鱼之间就是一种"辅车相依，唇亡齿寒"的关系。一旦湖中的鱼被过度捕捞，那么湖中就没有鱼了，那么渔夫还靠什么养活自己。因此渔夫在捕鱼的同时，一定要懂得不能竭泽而渔，不能贪得无厌的道理，这样，鱼才能源源不断，生活也能继续下去。

但是，我们之中有很多人，就不懂得这个道理，最终酿成苦果。

春秋时，晋献公想要扩充自己的势力范围，就找借口说，虢国经常骚扰晋国边境的百姓，要发兵灭了虢国。可是在晋国和虢国之间隔着一个虞国，晋国的军队要想讨伐虢国，就必须借道虞国。一日，晋献公问下面的大臣："攻打虢国，我国将士怎样才能顺利通过虞国呢？"大夫荀息说："虞国国君是个目光短浅、贪图蝇头小利的人，只要我们送他一些价值连城的美玉和宝马，我想，他不会不答应我们借道的。"晋献公一听，内心很是不快，踌躇了一会儿，没有回答。荀息看出了晋献公的这点心思，就说："虞虢两国是唇齿相依的近邻，虢国被灭了，虞国也不能独存，您的美玉和宝马不过是暂时寄存在虞国国君那里罢了。"晋献公于是采纳了荀息的计谋。

如预料的那样，虞国国君见到晋国送来的珍贵的宝物，心花怒放，当听到说要借道虞国讨伐虢国之事时，也不假思索，一口应承下来。虞国大夫宫之奇听说此事后，赶快上前劝道："这事要从长计议，不能答应借道的事情。虞国和虢国是近邻，唇齿相依的关系。我们两个小国相互依存，有事可以彼此之间相互帮忙，万一虢国灭了，晋国军队在回程的时候，也可能顺便进攻我们，我们虞国也就难保了。俗话说得好'唇亡齿寒'，没有嘴唇的保护，牙齿就会感到很寒冷。借道给晋国的事万万使不得。"虞国国君说："人家晋国是大国，现在专程送来美玉

和宝马与咱们交好，难道咱们能不答应这事吗？"于是，摆手让他不要再劝说。宫之奇见虞国国君一意孤行，鼠目寸光，他连声叹气，知道虞国离灭亡的日子不远了，于是就带着一家老小匆忙离开了虞国。果然不出所料，晋国军队在借道虞国消灭虢国后，在班师回朝时，又把亲自迎接晋军的虞国国君俘虏了，灭了虞国。

"唇亡齿寒"告诉我们，关系密切的双方，利害也相关，一方受到打击，另一方必然不得安宁。因此我们不管做什么事，一定不要目光短浅，要从全局来考虑问题。危害自己的事情不做，那么危害他人的事情，也是万万不能做的。我们不能太自私，要多为其他人考虑。

有这样一则寓言：一头驴子和一匹马托着货物，跟随主人在广袤的沙漠中穿行。因为货物太重，驴子有点不堪重负，就对马说："你帮我分担一点货物吧，我难以忍受了。"马没有理睬驴子的请求，继续仰着头往前行走。它们走了不久，驴子就因为体力透支，累死了。主人没办法，就把驴子身上的货物全部装到马的背上，最后，马也被累死了。

马的教训告诉我们"辅车相依，唇亡齿寒"的道理。试想，要是当初马替驴子分担了货物，那么结局可能是驴子和马都在目的地吃着绿油油的青草，悠闲地晒着太阳。

如果我们懂得"辅车相依，唇亡齿寒"的道理，做事慎重，顾全大局，那么我们会避免犯很多错误。

行得春风，便有夏雨

《成功学》中有一个伟大的定律，叫付出定律：只要你有所付出，就一定会得到相应的回报。如果你觉得回报太少，那就表示付出太少；如果你想要得到更多，就必须付出更多。

"行得春风，必有夏雨"是一句谚语。春风，指偏东南方向的风；夏雨，一般指梅雨。谚语意思是说，春季偏东南风较多的年份，则夏季梅雨一般也较多，大意是有所施必有所报。

一个人要想得到回报，就必须先付出。没有付出，哪里来的回报？就如同人们常说"一分耕耘，一分收获"。我们都知道，农民在收获秋季沉甸甸的谷物之前，必将付出春天播种的忙碌、夏季灌溉的汗水。相信很多读者都听过下面这个很富有哲理的故事。

一个人孤独地穿越沙漠，徒步行走了两天。途中他遇到沙暴袭击。一阵狂沙吹过之后，沙丘位置发生改变，他已认不得正确的方向。这时的他口渴难耐，已经支撑不了多久。突然，他发现前方有一幢废弃的小木屋。他拖着疲惫的身体走进了屋内。这是一间四周没有窗户，密不通风的小屋子，这样的设计可能是为了防止风沙灌入，里面堆了好多枯朽的木头。他几近绝望地环视四周，却意外地在角落里发现了一台抽水机。

他很兴奋，立马上前汲水，但任凭他怎么用力压抽水机杠杆，也抽不出半滴水来，只有抽水机抽动空气的吱嘎声。他颓然坐地,却看见抽水机旁有一个用软木塞堵住瓶口的小瓶子,瓶上贴了一张泛黄的纸条,纸条上写道:"你必须用水灌入抽水机才能引水!千万不要忘记,在你离开之前,请再将水装满!要知道,你能饮到甘甜的水,有别人的付出,你才得到回报。现在是你回报别人的时候了!"他立即拔开瓶塞,发现瓶子里,果然装满了水!

他的内心,此时正纠结着……

如果自私的话,只要将瓶子里的水喝掉,他就不会渴死,兴许就能活着走出这片沙漠;如果照纸条写的做,把瓶子里唯一的水倒入抽水机内,万一水灌进去,却抽不出水,他就会渴死在这地方,到底要不要冒这个风险?

犹豫再三,他决定把瓶子里唯一的水全部灌入破旧不堪的抽水机里,以颤抖的手大力汲水,不一会儿,水真的涌了出来。等他喝完清凉的水之后,又把瓶子灌满了水,轻轻用软木塞封好,放在原处,然后在原来那张纸条的后面,再加一句自己的切身体验的智慧:"相信我,真的有用,在取得之前,要先学会付出。"

这个故事所含的哲理就是"行得春风,必有夏雨"。试想,一个几近绝望的沙漠旅行者,身体没有水得到补充,他很快就会因脱水而死去。这时,一瓶水、一张纸条和一台抽水机。对他的选择来讲,当然是这瓶水最具诱惑力,喝掉这瓶水,他就能继续前进;但他当然也可以慎重地选择,把水倒进抽水机,抽出更多的水，供他在接下来的旅途中使用。显而易见，这是一个很大的考验，如果水没有冒出的话，他将很快死去，永远不可能走出这片沙漠。如果你是这个沙漠旅行者，你会怎么选择呢？其实有可能这个答案很简单：在取得之前，要先学会付出。要是不付出"一时之渴"的一瓶水，就永远不可能得到

"足以走出沙漠的"更多水的回报。

可能有人会问:"付出就一定会有回报吗?"在现实生活中,往往事情不都尽如人意,付出并不总是能立竿见影地得到回报的。即使一些事情付出了,却收获了失败,也不要灰心,这只证明这种方式不行,换一种也许绝路变通途。要相信,只要用心去做了,努力付出,相信水滴终会穿石。

冰冻三尺,非一日之寒

一滴水从房檐上滴下来,落到青石板上,这看起来是一件多么微不足道的事,然而长年累月地滴,却能水滴石穿。做人也要具备这种"水滴石穿"的锲而不舍的精神,一旦确定了人生目标就持之以恒,并用自己坚忍不拔的品格、坚定不移的信心和坚持不懈的奋斗精神,取得一番成就。

有句民谚:"冰冻三尺,非一日之寒。"观文而望其义,这句谚语比喻一种情况的形成,是经过长时间的积累、酝酿的。暗示了我们无论是在学习、工作,或是对人生的追求中,成功并不是一蹴而就的,而是一个长期奋斗积累,厚积薄发的过程。

从前,有一位果农在地里种下两棵苹果树的幼苗,很快它们开始发芽。鹅黄的叶片在春风中摇动着,很是惹人怜爱,第一棵树立志要长成白杨那样的参天大树,于是它拼命从地下汲取水分和养料,储存起来,滋养每一根枝干,为将来长成一棵大树做着积极的准备。但由于第一棵苹果树只顾着努力向上伸展枝丫，最初的几年没有结一个苹果，这让老农很恼火。相反，另一棵树拼命从土里汲取营养，但志向是尽快开花结果，结果几年后，它就结了满树的苹果，果农欢喜极了，就更勤奋地给这棵苹果树浇水、施肥，那棵不结苹果的树就被冷落了。

时光飞转，那棵不结苹果的大树因为枝粗叶茂，养分充足，在一个秋季，成熟了一树又红又大的苹果。而那棵过早开花结果，急于求成的树，却因未成熟的时候就开始开花结果，现在养分耗尽、枝干叶枯，只能结出几个苦涩难吃的苹果。

果农诧异地叹了口气，用斧头砍伐了这棵过早衰败的苹果树。在人生道路上，我们要学习第一棵苹果树，注重积累，厚积薄发；同时，我们也要以"过早开花的苹果树"为戒，莫急于求成。

在遥远的非洲草原上，有一种茅草，叫尖茅草，它是草原上最长的茅草，它刚发芽时，又细又短，并不显眼。可是只要雨季一来临，三五天的光景，它便能一下子长到两米左右。植物学家很好奇，就去实地观察和研究它，最终得出结论。原来在刚长出的前半年时间内，它并不是没生长，而是努力把吸收的养分存在了根部。雨季之前，尖茅草的茎虽然只长出1寸，根部却深深扎入地下达20米，并且根部疯狂地向四周散开，贪婪地汲取沙土中稀缺的水分。当储存了足够的能量后，蓄势待发，只要雨水一落到它的身上，便一发不可收拾。

像"尖茅草"这样，通过自身的努力，多积累，最后厚积薄发,功成名就的案例多得不胜枚举。

有这样一个故事:

有一位小有名气的画家,在他刚出道时,3年也没有卖出一幅画,内心很是苦难,生活也很拮据。于是,他去请教一位世界闻名的老画家,他想知道自己的画哪里出了问题,为什么整整3年没有一个人垂青。那位老画家听完,就问他每画一幅画大概需要多长时间。他说一般都是一两天,最多也不会超过3天。那老画家听完他的回答,对他说:"年轻人,你换种方式试试吧,你用3年的时间去细细画一幅画,我保证你的画一两

天就可以卖出去,最多不会超过3天。"

这个故事里面隐含耐人寻味的道理:"成功绝不是一蹴而就的,只有静下心来日积月累地积蓄力量,才能够'水滴石穿'。"

西晋时著名的辞赋大家左思,他的名篇《三都赋》就用整整十年才完成。他为了把《三都赋》写好,一天到晚都在构思《三都赋》的语言文字、思想内容和艺术境界,力求精益求精。为了能够及时把自己突发的灵感记下来,他走到哪里都带着笔墨纸砚,一想到有什么好的句子,就立马记录下来。

十载寒暑,左思终于完成了《三都赋》。他也因此名动天下。《三都赋》辞藻华美、文笔畅快,无论是在内容还是形式上,都取得了较高的艺术成就。文章一经问世,整个洛阳城都为之轰动,文人骚客争相传抄。由于传抄的人太多,一时间纸张变得供不应求,纸价暴涨。这也是"洛阳纸贵"这个成语的来历,这真是古代文坛一件无与伦比的风雅盛事。

左思用了整整10年才写了一篇足以让他流芳百世的文章,任何成功者,都是付出常人无法想象的辛苦才实现自己的人生价值的。

李白诗曰"十年磨一剑",这是成功者才具备的一种良好人生态度。在这个物欲横流的社会中,很多人没有摆正心态,一心想急功近利,总幻想着不劳而获的成功,又或是走捷径一步成功,殊不知,这种心态不仅不会成功,反而极其有害。想要有登峰造极的成就,就必须先承受十年磨一剑的寂寞。要知道,每一次成功所绽放的光芒,并不是那瞬间的张力,而是无数岁月所沉淀的巨大能量,形成这股厚重的动力,才能瞬间迸发,冲到制高点。

当下的你可能默默无闻,请不要急躁,可能在别人眼里你是一个平庸的人,但我们自己的心里要时刻明白,点点滴滴地积累,脚踏实地地学习,总有一天会获得成功。

大船只怕钉眼漏,粒火能烧万重山

千里之行始于足下,万丈高楼起于抔土。任何一件大事都是由小事积累才得来的,没有一点点的积累,就不会产生质变,成就那些伟大。同时,那些大的损失和伤害也都是从一点点的小事开始的,一点点积累,积累到了一定的程度,就会爆发,从而造成灾难。就像老话说的那样"大船只怕钉眼漏,粒火能烧万重山",我们要做的,就是排除这些小的隐患,时刻注意它们,将那些能够造成危险的及时解决掉,而对那些对成功有用的积累坚持下去,最终成就自己。

在大海的边上,有一个小镇,镇子里的人们都靠出海捕鱼来养活自己。在这些捕鱼人中,有一个老汉,是最厉害的,他对海洋非常了解,知道哪里有鱼,也知道什么时候会有鱼。同时,他的捕鱼工具也是镇上最好的,他有一艘大船,跟随他已经好多年了,这些年在海中乘风破浪,养活了他们一家人。老人对这个大船非常爱惜,就像对待自己的孩子那样对待大船,从来不舍得从大船上卸下任何一个零件，他认为，如果那样的话，大船就不完美了，就不再是那个伴随自己多年的老朋友了。

我们都知道，人是会老的，其实船也一样，年头多了，就会老化，老人的那艘大船当然不会脱离这个规律，它也变得有些破旧了。但在老人的眼里，他的大船依然是这世上最完美、最牢固的。

这天，老人的大儿子来找他，说船上有一块木板松动了，他想要换掉。老人听了，不禁大怒，他开始责备儿子，说他不懂得珍惜东西，说他不懂得珍惜"朋友"："你知道吗？那艘大船跟了我多少年？比你跟我的时间都长，你现在说什么？要把它上面的板子换掉，你知不知道，我对这艘大船的感情？怎么可以换掉它的一部分呢？那样，还是那艘跟随了我多年的大船吗？"

最后，老人的大儿子无奈地走了，他把那块木板拿了下来，换了个位置，又重新钉上了。不过他还是有些不太放心，因为那块板子已经很破旧了，上面满是钉眼，他觉得，这样下去会出问题的。但是，他没有勇气换掉它，也没有勇气再跟父亲提这件事了，因为他了解父亲的脾气。

几天后，大船又一次出发了，带着老人和他的儿子们，去往大海，去寻找可以给人们带来生的希望的鱼类。

不过，这次他们的行程不是很顺利，在出海的第三天，他们碰上了大风暴。不过，老人是不担心这个的，他相信，自己的这艘大船已经经历过无数次风浪了，比这次更大更强的都经历过，还会怕这一点点的挫折吗？

可是，老人没有想到，正是这个他非常信任的"老朋友"辜负了他的期望，船漏水了。就是因为那块布满了钉眼的木板引起的。当船上的人发现的时候，已经来不及补救了，因为水太大了。最后，船永远地留在了海底，跟着船一起留下的还有那个老人和他的儿子们。

悲剧总是我们不想看到的，但又总是我们不得不关注分析的。在这个故事中，是有温情的，老人对船的爱就是温情，他代表着一颗感恩的心，也代表着一颗怀旧的心。这是一种品格，懂得感谢给自己带来帮助的一切人和事物。同时，故事中也有警醒，那就是老人的儿子，他是非常专业的，能够及时发现将要出现的隐患。但，这也避免不了悲剧的发生，至于悲剧的原因，归根结底，不是那个钉眼，而是没有对微小的隐患重视的粗心。

我们要从这异常震撼的悲剧当中吸取教训，学到经验，尽最大的努力去避免它。

要知道，在生活中，不能忽视任何一件小事，特别是那些能够导致大问题的小事。往往，这些小事正是决定一个人或一件事成败的关键。可能有些人会对此不以为然，觉得没必要大惊小怪的。不就是一点小小的隐患吗？如果他们知道这小事和大事之间的联系的话，估计就不会再这样说了。

气象学家研究得出，某地上空一只小小的蝴蝶无意间扇动一下翅膀，就会扰动空气的流动，长时间后可能导致遥远的地方发生一场暴风雨，也就是著名的"蝴蝶效应"。同时，气象学家们也以此比喻长时期大范围天气预报往往因一点点微小的因素造成难以预测的严重后果。

通常，微小的偏差是难以避免的，它们可以通过一系列的连锁反应引起很大的骚动。就如同打台球、下棋等，往往"差之毫厘，失之千里""一招不慎，满盘皆输"。

这时，比的就是谁能更在意这些微小的变化和异常。如果注意到了这些，那么离成功就更近了。注意不到，就会像那个老人一样，最后将生命葬送在大海之中。当然，我们日常的生活不会那么凶险，但是因此而失掉成功的机会，还是非常常见的。

所以，想要有一番作为，就要养成良好的习惯。在面对小事的时候，一定要引起注意，时间久了，自然就能做到防患于未然。这样，我们就拥有了更强的竞争力，也就会赢得更多的机会。

总之，记住这句话，"大船只怕钉眼漏，粒火能烧万重山"。任何大的灾难、失败，都是一点点堆积起来的，没有平时的堆积，就不会有最后的爆发，也就不会产生那么多让人扼腕的后果。我们要做的不是眼盯着大前方，一心只想着成功，那样只会让你体会失败。真正能成功的方法是盯着一个个小的地方，将其做好，有益的留下，有隐患的解除，时间长了，成功自然会来到你的身边。那时候，你就会发现，真正取得成功的方式不是紧盯着成功，而是先忘记成功，去做好一件件小事，排除一个个小的隐忧。

第四章 世态人情：世事如棋局局新

——完善自身，掌握主动权

取敌之长，补己之短

敌人并非一无是处，学会利用敌人，在与敌人对抗的过程中，利用对方的优势，以弥补自己的劣势。这比单纯地对抗要更为明智。

在亚热带，有一个由三种动物组成的非常有意思的生物链：毒蛇、青蛙和蜈蚣。毒蛇的主要食物是青蛙，青蛙却以有毒的蜈蚣为美食，在青蛙面前是弱者的蜈蚣却能够使比自己体形大得多的毒蛇毙命，一般的毒蛇对它都无可奈何，三者间两两都是水火不相容的。有趣的是冬季里，捕蛇者却在同一洞穴中发现三个冤家相安无事地同居一室，和平相处地生活。

它们经过世代的自然选择，不仅形成了捕食弱者的本领，也学会了利用自己的克星保护自己的本领：如果毒蛇吃掉青蛙，自己就会被蜈蚣所杀；而蜈蚣杀死毒蛇，自己就会被青蛙吃掉；青蛙吃掉蜈蚣，自己就成为毒蛇的盘中餐。这样一来，为了生存，青蛙不吃蜈蚣，以便让蜈蚣帮助自己抵御毒蛇；毒蛇不吃青蛙，以便让青蛙帮助自己抵御蜈蚣；蜈蚣不杀死毒蛇，以便让毒蛇帮助自己抵御青蛙。三者相克又相生，这是一个多么美妙的平衡局面。

这个平衡格局有个朴素的道理："取敌之长，补己之短"，在敌我争锋中，可以以敌制乱，用敌于我。利用敌人达到让自己更好地生存的目的。

众所周知,联想中国在商用、中小客户上的业务和戴尔一直是狭路相逢的老对手。联想却承认自己从对手身上甚至比从合作伙伴身上学到的东西还多:联想从 2003 年开始就在逐渐修改销售的薪酬体系,把工资加奖金的方式改得更加趋向于业绩导向,逐渐贴近戴尔的按照毛利提成;2004 年,联想取消了客户经理上班打卡的制度,给予了他们更大的自由度;随着自由度的加大,联想对销售客户拜访的监测也开始完善,现在,联想的客户经理们和戴尔的同行一样,每周要递交上周的拜访汇总,并且按照规定接受上司的直接询问……

"戴尔最值得学习的地方是对流程和客户的管理。"前者完善到一个人只要跟着流程走就能做好销售的地步,后者则成为戴尔判断市场和预测销售最好的武器。这就是联想中国所希望移植过来的戴尔基因。在企业后端的供应链和后台的销售支撑系统上,戴尔的成功之处也正在被联想所参考。

向对手学习,是联想不断保持发展活力的根本原因之一。一个集团、企业尚且如此,对于我们个人来说,学会向对手学习,才能拥有永不枯竭的推进能源。

我们应该学会向对手学习,从对手那里吸取自己需要的经验。向对手学习减少了自己探索的风险;向对手学习还能发现自己的不足,以较小的付出获取较大的利益;向对手学习更有益于审视自我,扬长避短,发挥优势。

人见利而不见害，鱼见食而不见钩

面对利害得失，世人往往只关注其得和利，而忽视害与失。就像鱼儿为贪吃而只见诱饵却看不到鱼钩一样。纵观古今中外，世间不知有多少人生悲剧大都源于此。

我国古代有这样一个故事，鲁国的宰相公仪休非常喜欢鱼，赏鱼、食鱼、钓鱼、爱鱼成癖。

一天，府外有一人要求见宰相。从打扮上看，像是一个渔人，手中拎着一个瓦罐，急步来到公仪休面前，伏身拜见。公仪休抬手命他免礼，看了看，不认识，便问他是谁。

那人赶忙回答："小人子男，家住城外河边，以捕鱼为业糊口度日。"

公仪休又问："噢，那你找我所为何事，莫非有人欺你抢了你的鱼了？"

子男赶紧说："不不不，大人，小人并

不曾受人欺侮，只因小人昨夜出去捕鱼，见河水上金光一闪，小人以为定是碰到了金鱼，便撒网下去，却捕到一条黑色的小鱼，这鱼说也奇怪，身体黑如墨染，连鱼鳞也是黑色，几乎难以辨出。而且黑得透亮，仿佛一块黑纱罩住了灯笼，黑得泛光。鱼眼也大得出奇，直出眶外。小人素闻大人喜爱赏鱼，便冒昧前来，将鱼献给大人，还望大人笑纳。"

公仪休听完，心中好奇，公仪休的夫人也觉纳闷。那子男将手中拎的瓦罐打开，见里面果然有一条小黑鱼，在罐中来回游动，碰得罐壁乒乓作响。公仪休看着这鱼，忍不住用手轻轻敲击罐底，那鱼便更加欢快地游跳起来。

公仪休笑起来，口中连连说："有意思，有意思。的确很有趣。"

公仪休的夫人也觉得别有情趣，那子男见状将瓦罐向前一递，道："大人既然喜欢，就请大人笑纳吧，小人告辞——"公仪休却急声说："慢着，这鱼你拿回去，本大人虽说喜欢，但这是辛苦得来之物，我岂能平白无故收下。你拿回去——"

子男一愣，赶紧跪下道："莫非是大人怪罪小人，嫌小人言过其实，这鱼不好吗？"

公仪休笑了，让子男起身，说："哈哈哈，你不必害怕，这鱼也确如你所说奇异喜人，我并无怪罪之意，只是这鱼我不能收。"

子男惶惑不解，拎着鱼，愣在那里，公仪休夫人在旁边插了一句话:"既是大人喜欢,倒不如我们买下,大人以为如何?"

公仪休说好,当即命人取出钱来,付给子男,将鱼买下。子男不肯收钱,公仪休故意将脸一绷,子男只得谢恩离去。

又有好多人给公仪休送鱼,却都被公仪休婉言拒绝了。

公仪休身边的人很是纳闷,忍不住问:"大人素来喜爱鱼,连做梦都为鱼担心,可为何别人送鱼大人却一概不收呢?"

公仪休一笑,道:"正因为喜欢鱼,所以更不能接受别人的馈赠,我现在身居宰相之位,拿了人家的东西又要受人牵制,万一因此触犯刑律,必将难逃丢官之厄运,甚至会有性命之忧。我喜欢鱼现在还有钱去买,若因此失去官位,纵是爱鱼如命怕也不会有人送鱼,也更不会有钱去买。所以,虽然我拒绝了,却没有免官丢命之虞,又可以自由购买我喜欢的鱼。这不比那样更好吗?"

众人不禁暗暗敬佩。

公仪休身为鲁国宰相,喜欢鱼,却能保持清醒,头脑冷静,不肯轻易接受别人的馈赠,这实在很难得。

由此可见,有些事,表面看来能获得暂时的利益,但从长远来看,却"因小失大",损失惨重,明智的人会既见利也见害,绝不会被眼前的利益所迷惑。

在利益前面我们要预见可能发生的负面影响,在权衡利害之后做出正确的抉择。像下面的故事中亨利食品公司做的一样。

有一次,美国亨利食品加工工业公司总经理亨利·霍金士突然从化验室的报告单上发现,他们生产食品的配方中,起保鲜作用的添加剂有毒，这种毒的毒性并不大，但长期食用会对身体有害。另外，如果食品中不用添加剂，则又会影响食品的鲜度，对公司将是一大损失。

亨利·霍金士陷入了两难的境地，到底诚实与欺骗之间他该怎样抉择？最终，他认为应以诚对待顾客，尽管自己有可能面对各种难以预料的后果，但他毅然决定把这一有损销量的事情向社会宣布，说防腐剂有毒，长期食用会对身体有害。

消息一公布就激起了千层浪，霍金士面临着相当大的压力，不仅自己的食品销路锐减，而且所有从事食品加工的老板都联合了起来，用一切手段向他施加压力，同时指责他的行为是别有用心，是为一己之私利，于是他们联合各家企业一起抵制亨利公司的产品。在这种自己食品销量锐减，又面临外界抵制的困境下，亨利公司一下子濒临倒闭的边缘。

在苦苦挣扎了4年之后，亨利·霍金士的公司已经危在旦夕了，但他的名声却家喻户晓。

后来，政府站出来支持霍金士，在政府的支持下，加之亨利公司诚实经营的良好口碑，亨利公司的产品又成了人们放心满意的热门货。

由于政府的大力支持，加之他诚实对待顾客的良好声誉，亨利公司在很短时间里便恢复了元气，而且规模扩大了两倍。也因此，亨利·霍金士一举登上了美国食品加工业第一的位置。

在诚信与欺骗之间，霍金士没有因为眼前的利益而选择欺骗，而是顶住重重压力，退而居守"诚信"。事实证明，他的做法是明智的。实际上，世事往往就是这么奇妙，当你眼前的利益唾手可得的时候，你一定不要被暂时的利益蒙蔽双眼；而要静下心来，守住阵脚，不要盲从大流，不要向压力妥协，更应坚定地选择自己认为正确的道路。这样，当大风大浪过去之后，你会发现，你当初的选择是非常正确的。

身轻失天下，自重方存身

一个人要傲然矗立于天地间，首先必须自重。

"圣人终日行而不离辎重"，这是《老子》中的一句话，并非简单指旅途之中一定要有所承重，而是要学习大地负重载物的精神。

大地负载，生生不已，终日运行不息而毫无怨言，也不向万物索取任何代价。生而为人，应效法大地，有为世人众生挑负起一切痛苦重担的心愿，不可一日失却这种负重致远的责任心。这便是"圣人终日行而不离辎重"的本意。

志在圣贤的人们，始终要戒慎畏惧，随时随地存着济世救人的责任感。倘使能做到功在天下、万民载德，自然荣光无限。道家老子的哲学，看透了"重为轻根，静为躁君"和"祸者福之所倚，福者祸之所伏"自然反复演变的法则，所以才提出"身轻失天下，自重方存身"的告诫。

虽然处在荣华之中，仍然恬淡虚无，不改本来的素朴；虽然安处在富贵之中，依然超然物外，不以功名富贵而累其心。能够达到此境界，方为真正悟道之士，奈何世上少有人及，老子感叹："奈何万乘之主，而以身轻天下。"

有两个空布袋，想站起来，便一同去请教上帝。上帝对它们说，要想站起来，有两种方法，一种是得自己肚里有东西；另一种是让别人看上你，一手把你提起来。于是，一个空布袋选择了第一种方法，高高兴兴地往袋里装东西，等袋里的东西快装满时，袋子稳稳当当地站了起来。另一个空布袋想，往袋里装东西，多辛苦，还不如等人把自己提起来，于是它舒舒服服地躺了下来，等着有人看上它。它等啊等啊，终于有一个人在它身边停了下来。那人弯了一下腰，用手把空布袋提起来。空布袋兴奋极了，心想：我终于可以轻轻松松地站起来了。那人见布袋里什么东西也没有，便一手把它扔了。

"轻则失本，躁则失君。"我们不能为了眼前的利益，不择手段，儿子犯下"轻则失本，躁则失君"的大错。

念及身轻失天下的例子，不由想到了新朝王莽。当了15年新朝皇帝的王莽，是近两千年来中国历史上争议最多的人物之一，有人把他比作"周公再世"，是忠臣孝子的楷模，有人把他看成"曹瞒前身"，是奸雄贼子的榜首。白居易一语道破天机："向使当初身便死，一生真伪复谁知！"

王莽是皇太后王政君弟弟王曼的儿子，父辈中九人封侯，父亲早死，孤苦伶仃。与同族同辈中声色犬马的纨绔子弟相比，王莽聪明伶俐，孝母尊嫂，生活俭朴，饱读诗书，结交贤士，声名远播。他曾几个月衣不解带地悉心侍候伯父王凤，深得这位大司马大将军的疼爱。加官晋爵后的王莽依旧行为恭谨，生活俭朴，深得赞誉。正当王莽踌躇满志之时，成帝去世，哀帝即位，王莽的靠山王政君被尊为太皇太后，失去了权力，王莽下野，并一度回到了自己的封国。这期间，王莽依然克己节俭，结交儒生，"休养生息"。为了堵住悠悠之口，哀帝以侍候太皇太后的名义，把王莽重新召回到京师。

随着年仅9岁的汉平帝即位，王莽将军国大权独揽一身，其野心也急剧膨胀。而后，一心想当帝王的王莽，假借天命，征集天下通今博古之士及吏民48万人齐集京师，"告安汉公莽为皇帝"的天书应运而生，王莽也由"安汉公"而变为摄皇帝、假皇帝。"司马昭之心，路人皆知。"在平定了几多叛乱之后，王莽宣布接受天命，改国号为"新"，走完了汉代的最后一幕。

称帝后，他仿照周朝推行新政，屡次改变币制，更改官制与官名，削夺刘氏贵族的权利，引发豪强的不满；他鄙夷边疆藩属，将其削王为侯，导致边疆战乱不断；赋役繁重，刑政苛暴，加之黄河改道，以致饿殍遍野。王莽最终在绿林军攻入长安之时于混乱中为商人杜吴所杀，新朝随之覆灭。

老子说："及吾无身，又有何患。"人的生命价值，在于其身存。志在天下，建丰功伟业者，正是因为身有所存。现在正因为还有此身的存在，因此，应该戒慎恐惧，燕然自处而游心于物欲以外。

不以一己私利而谋天下大众的大利，立大业于天下，才不负生命的价值。可惜为政者，大多只图眼前私利而困于个人权势的欲望中，以身轻天下的安危而不能自拔，由此而引出老子的奈何之叹！

要知道，身轻失天下，自重方存身。

与其苛求环境，不如改变自己

任何人都不可能离开环境而生存，在无法改变环境时，与其苛求环境，不如改变自己。只有弱者才会因为适应不了环境而遭淘汰。

有一句老话："事必如此，别无选择。"正如每一条所走过的路径都有它不得不这样跋涉的理由一样，每一条要走的路也都有它不得不那样选择的方向。

在面对生命的起伏不定与阴晴圆缺时，有人仍然能够活得精彩。有人能从磨炼中吸取经验，有人则在类似的经验中受伤屈服，成功者和普通人的差别就在于此。

一家500强之一的美国公司在选择北京办事处负责人时，通过一个很小的细节考察了应聘者的环境适应能力。当时，共有7名应聘者，其中只有一位是女士。考官故意把应聘者的位置安排在空调下，而且将其功率开得很大。结果，6位男士都无法忍受长达两小时的面试，只有这位女士坚持到了最后。

当面试结束时，这位主考官说："由于公司刚在北京成立办事处，属于万事开头难的阶段，所以只有能够适应环境，敢于接受挑战，并且能够以愉快的心情去面对压力的人才会被我们录用。钟女士，欢迎你加入公司。"

改变自己，适应环境的能力是必须的，因为只有从容地适应环境，才能在不断变化的环境中保持旺盛的精力，迎接挑战。

所谓"适者生存"，适应环境是非常重要的。面对急剧变化的环境，要冷静地判断事实，理性地处理问题，随时调整，保持良好的适应状态。

当我们学会"与其苟求环境，不如改变自己"时，就会有能力开创更丰富的人生。人，贵为宇宙的精华、万物的灵长，是可以通过改变自己来接受任何现实的。

松树无法阻止大雪压在它的身上，蚌无法阻止沙粒磨蚀它的身体，但它们可以弯曲自己，学会适应环境，这是一种生存的技巧。

人类作为万物的灵长,又怎能连这些小生都不如?正如席慕蓉所说:"请让我们相信,每一条所走过来的路径都有它不得不这样跋涉的理由,每一条要走下去的前途都有它不得不那样选择的方向。"我们也许没有选择的权利,但我们有改变自己的能力。

礼下于人，人愿助之

俗话说："虚心竹有低头叶，傲骨梅无仰面花。"意思是说，竹子内心谦逊才向人虚心低头，梅花高傲不屈从不仰面逢迎。

其实在为人处世的时候，礼下于人，低下头未尝不是一种好的办法。"礼下于人，必有所求"，而当有所求的时候，礼下于人也是一种智慧。

春秋后期，各国诸侯的地位一落千丈，而卿大夫的势力不断崛起，原来是礼乐征伐自天子出的状况，现在变为卿大夫们横行专权。

当时，各国都发生了公室与卿大夫夺权的斗争，鲁国就出现了季孙氏、叔孙氏、孟孙氏瓜分公室的事件。

原来鲁昭公时，鲁国的大权实际是由季孙、叔孙、孟孙三家执掌的，三家中以季孙氏的势力最为强大。因而鲁昭公很不高兴，慢慢地，他与季孙氏的矛盾越来越大。于是鲁昭公就萌生了除掉季孙氏的想法，于是就发兵围攻了季孙意如。季孙意如被围困在高台上，他对昭公说："贤君也不调查一下我是否有罪，就派兵来攻打我，我希望你能够调查清楚，然后再打我不迟。"

鲁昭公说："你的罪行十分的明显，连小孩子都知道，还用调查吗？"季孙意如没办法，就请求昭公把他囚禁在费城，然而昭公没有同意。最后，他请求昭公同意他坐一辆车子流亡到国外。

昭公一心杀了他，不管他怎么说就是不答应。这时昭公的家臣对昭公说："您还是答应季孙氏的请求吧。鲁国的政权已经掌握在季孙氏手里多年了，他又非常会笼络人，所以支持他的百姓非常多。我们一时还不能攻下高台，攻下以后也不知会发生什么变故，所以答应他的请求把他驱逐出国是一个不错的办法。"但昭公仍旧不听，接着他就派人去刺杀季孙意如。

叔孙氏得知了消息，非常不安，叔孙的家臣劝叔孙说："假如昭公消灭了季孙氏，那他不久也会来消灭我们的，我们最好救助季孙氏。"

叔孙氏觉得有道理，于是便发兵攻打鲁昭公的军队。孟孙氏得知后，也派兵围攻鲁昭公。一时三股军队合围了昭公，风云突变，鲁昭公的军队一下就被打散了，尸体满山遍野，血流成河，昭公一看大势已去，便领着几个随从逃往齐国。齐景公听说鲁国内乱，昭公已经逃到了阳州，便准备到阳州去慰问。鲁昭公听说齐景公要来，便先率人到了野井。

齐景公慰问昭公，这是出于礼节。而昭公先去野井迎接，这是礼先于人。

假如想求人帮助，必然先礼下于人，低头致敬，讲究礼貌。齐景公见昭公礼先于已，便对昭公说："你的忧虑就是我的忧虑，我献给你二万五千户人家，一切听从你的安排。"

昭公一听十分高兴，于是不久便派人同齐国订立了盟约。

从而为自己东山再起打下了基础。

鲁昭公的低头策略为自己赢得了机会,赢得了帮助,礼下于人并不是真正的示弱,而是避一时的不利,等待更好的机会。

当你需要帮助时,你不能摆出一副恃强凌弱的姿态去寻得帮助。想要得到帮助应该礼下于人,放低自己的姿态,这样才会得到别人的认可,别人才会伸出援手,给你尽可能的帮助。

退一步,才能进十步

适时的退让是非常必要的,这对争取到最后的胜利有益。要知道,谁笑到最后,谁才能笑得最好。

以"退"的方式来达到"进"的目的,可以说是一个独辟蹊径的成功经验。

俗话说：退一步路更宽。实际上，退是另一种方式的进。暂时退却，忍住一时的欲望，养精蓄锐，鼓足力量，后退之后的前进将是更快、更有效、更有力的。

有时，通往成功的路，是一条曲线之路，但踏上这条路你就不会撞得头破血流。欲速则不达，退一步才能进十步，就是这个道理。

一位计算机博士学成后开始找工作，因为有个高学历的博士头衔，一般的用人单位"不敢"录用他，而经验的缺乏又让很多知名企业对他抱有怀疑。

在不景气的就业形势下，他发现自己的"高学历"竟然成了累赘。思索再三，他决定收起所有的证明，以最低的身份进入职场，去获取自己目前最需要的财富——经验。

不久，他就被一家公司录用为程序输入员。这种初级工作对于拥有博士学位的他来说简直是轻而易举，但他并没有敷衍了事，反倒仔仔细细、一丝不苟地工作。一次，他指出了程序中的一个重大错误，为公司挽回了损失，老板对他进行了特别嘉奖，这时，他拿出了自己的学士证书，于是，他得到了一个与大学毕业生相称的工作。

这对他是个很大的鼓励，他更加用心地工作，不久便出色地完成了几个项目，在老板欣赏的目光中，他又拿出了自己的硕士证书，为自己赢得了又一次提升的机会。

爱才惜才的老板对他产生了浓厚的兴趣，开始悉心地观察他，注意他的成长。当他又一次提出一些改善公司经营状况的建议时，老板和他进行了一次私人谈话。

看着他的博士证书，老板笑了。他终于得到了理想中的职位，尽管有些曲折，但他却觉得从最低处开始努力的整个过程都很有意义。

这位博士以退为进，先将自己放在一个极低的水平线上，然后踏踏实实地奋斗，为自己积蓄内在资本。"真金不怕火炼"，他在平凡的岗位上显示出了光彩，被慧眼识英雄的老板委以重用。

在目标不可能一蹴而就的时候，他选择了暂时的"退"，为自己赢得了另一个事业起步的机会。

一个人只有明了进退之道，知道审时度势，才能明确自己的处境，从而知进识退，进退有节，挥洒自如，才能在激烈的社会竞争中立于不败之地。

生活的智者们不会在形势不利于自己的时候去硬拼硬打，那样，有可能是以卵击石，自寻死路；也有可能是两败俱伤，损伤惨重。

在这种时候，他们会先"退一步"，以求打破僵局，为自己积蓄力量赢得机会，从而可以"前进十步"。真正的智者总能分清不同的场合，进而采取不同的处世态度。

第五章

生活处境：
得意失意莫大意，
顺境逆境无止境

——花开花落，顺逆有常

心安茅屋稳

"心安茅屋稳"意思是:心平气和,即使住的是茅草屋,心里也会觉得踏实安稳。心不安,心里永远不会有"稳"的感觉;一个人心中的欲望太强,无法懂得什么才是生活。只有真正安静下来用心去体悟,才会参透到世间人生的奥妙,内心淡泊而无杂念,才会安心于简单宁静的生活。一个心安性定的人,才能有如鱼得水般的人生,这也是一种"道"。

心安茅屋稳的法则:心态上要淡泊、明志、清幽、致远。

东晋大诗人陶渊明辞官归田园,过着"躬耕自资"的生活。其夫人翟氏,与他志同道合,"夫耕于前,妻锄于后",一起下田地劳动,勤俭持家,他与当时老农日益接近,生活息息相关。"方宅十余亩,草屋八九间,榆柳荫后檐,桃李罗堂前。"陶渊明酷爱菊,宅子四周篱笆下,都种上了菊花。"采菊东篱下,悠然见南山"至今脍炙人口。他本性嗜酒,饮必醉。朋友来访,无论贫富贵贱,只要家中有酒,必与之同饮。他每次必先醉,便对客人说:"我醉欲眠,卿可去。"这是一种怎样的境界?淡泊、明志、清幽、致远。这一切陶渊明都达到了。

一个拥有淡泊、明志心态的人,就能够始终保持自己的独有的作风,就能宠辱不惊,就能"心安茅屋稳",风雨不动,在浮躁的环境中,自己还能够继续保持一颗恬淡安定的心,只要

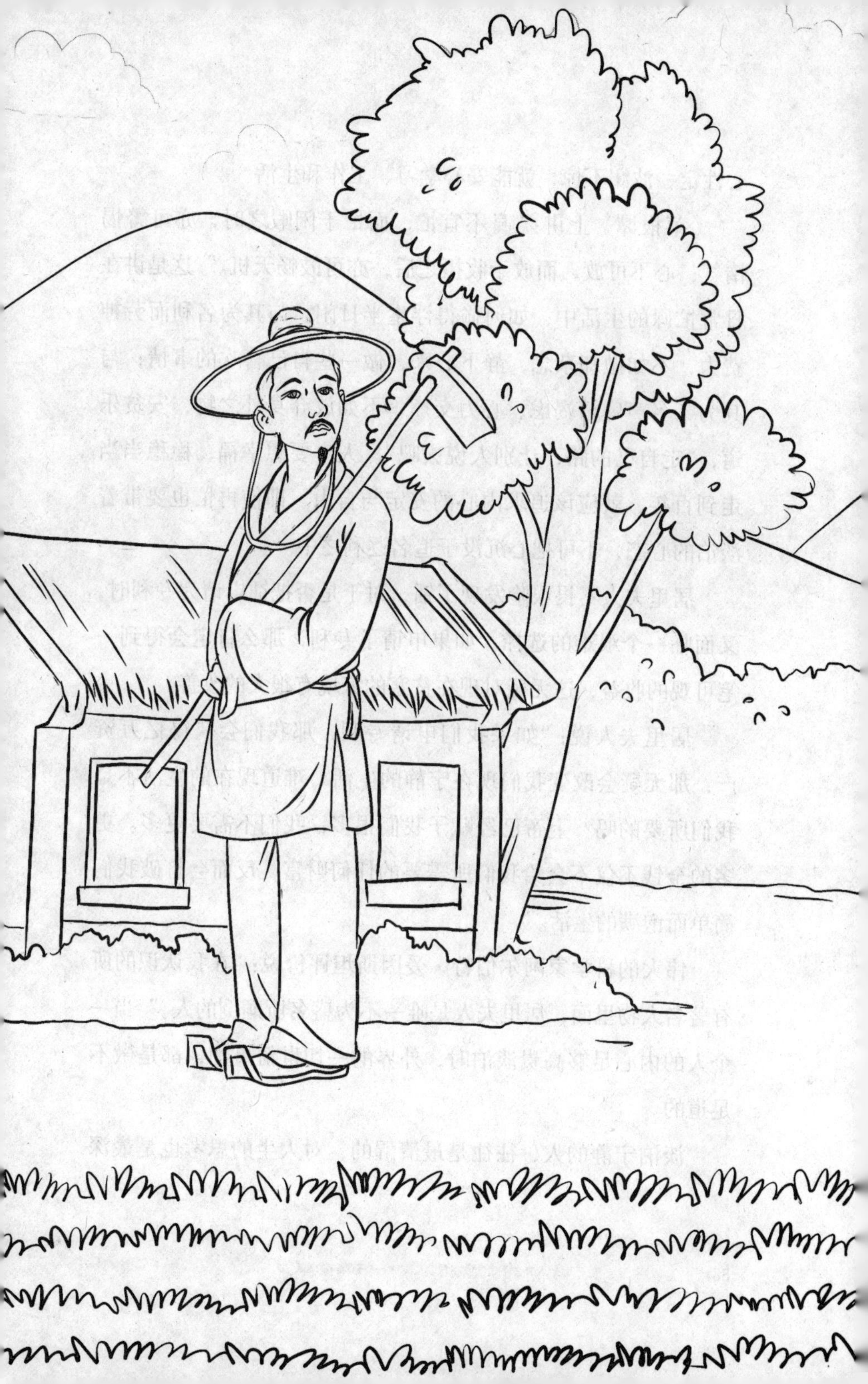

心性定，波澜不惊，就能安心学习、工作和生活。

《菜根谭》上讲："身不宜忙，而忙于闲暇之时，亦可警惕惰气；心不可放，而放于收摄之后，亦可鼓畅天机。"这是讲在日常忙碌的生活中，如何偷得浮生半日闲。与其为名利而劳神费力，不如抛却杂念，静下心来，做一些自己喜欢的事情；与其为了名声殚精竭虑、心力交瘁，不如放弃身外之物，安贫乐道，"走自己的路，让别人说去吧"。人生要想幸福，稳稳当当走到百年，就应该追求内心的安定与自由。即使再忙也要带着淡泊的心态，不可把心沉没于追名逐利之中。

居里夫人不畏艰险发现了镭，对于是否把镭申请为专利时，又面临一个艰难的选择。如果申请了专利，那么肯定会得到一笔可观的收益，这无疑对现在贫寒的家境有很大的改善。

居里夫人说："如果我们申请专利，那我们会获得亿万资产，那无疑会改变我们现在宁静的生活。难道现在的生活不是我们所要的吗？上帝已经赋予我们很多，我们不需要更多。更多的金钱不仅不会给我们所需要的任何财富，反而会打破我们简单而饱满的生活。"

伟大的科学家阿尔伯特·爱因斯坦评价说："在我认识的所有著名人物里面，居里夫人是唯一不为盛名所颠倒的人。"当一个人的内心足够高贵淡泊时，外界的一切世俗事物，都是微不足道的。

淡泊宁静的人，往往是最清醒的，对人生的思考也是最深刻的。圣严法师说："要有时时静悟的简静心态，反省自己的不足，感受生活赐予的美妙。这样，时时鞭策自己，才会对生活充满了敬重。"让我们淡泊宁静，抛弃浮躁，活在自由简约中，体味生活的从容，实现人生的价值。

塞翁失马，焉知非福

在《庄子》中，把"塞翁失马，焉知非福"的人生哲理讲得十分透彻。庄子引用古代人的迷信来说明一般人认为不吉利的东西，但"神人"却认为这种"不吉利"反而有益无害。比如说，一匹头上有白毛的马没人敢骑，反而因此免去了一辈子的奴役；一头鼻子高高翘起的猪不会被杀掉作祭祀，才会好好地活到老。所以，世人认为不吉利的，在上天看来却是大吉大利。任何事情都有它的两面性，关键是看你如何从不利中看到有利的那一面。

从前有一个国王，除了打猎以外，最喜欢与宰相微服私访。宰相除了处理国务以外，就是陪着国王下乡巡视，他最常挂在嘴边的一句话就是"一切都是最好的安排"。

有一次，国王兴高采烈地到大草原打猎，他射伤了一只花豹。国王一时失去戒心，居然在随从尚未赶到时，就下马检视花豹。谁想到，花豹突然跳起来，将国王的小手指咬掉小半截。

回宫以后，国王越想越不痛快，就找宰相来饮酒解愁。宰相知道了这事后，一边举酒敬国王，一边微笑着说："大王啊！

少了一小块肉总比少了一条命来得好吧！想开一点，一切都是最好的安排！"

国王听了很是生气："你真是大胆！你真的认为一切都是最好的安排吗？"

"是的，大王，一切都是最好的安排。"

国王说："如果我把你关进监狱，难道这也是最好的安排？"

宰相微笑说："如果是这样，我也深信这是最好的安排。"

国王大手一挥，两名侍卫就架着宰相走出去了。

过了一个月，国王养好伤，又找了一个近臣出游了。谁知路上碰到一群野蛮人，他们把国王抓住用来祭神。就在最后关键时刻，大祭司发现国王的左手小指头少了半截，他忍痛下令说："把这个废物赶走，另外再找一个！"因为祭神要用"完美"的祭品，大祭司就把陪伴国王一起出游的近臣抓来代替。脱困的国王大喜若狂，飞奔回宫，立刻叫人将宰相释放了，在御花园设宴，为自己保住一命，也为宰相重获自由而庆祝。

国王向宰相敬酒说："宰相，你说得真是一点也不错，如果不是被花豹咬一口，今天连命都没了。可我不明白，你被关进监狱一个月，难道也是最好的安排吗？"

宰相慢慢地说："大王您想想看，如果我不是在监狱里，那么陪伴您微服私巡的人，不是我还会有谁呢？等到野蛮人发现国王不适合拿来祭祀时，谁会被丢进大锅中烹煮呢？不是我还有谁呢？所以，我要为大王将我关进监狱而向您敬酒，您也救了我一命啊！"

宰相是一个明智的人，他能从事物的不利中看到有利的一面，并始终认为一切都是最好的安排，这无疑是一种积极的人生态度。

正是因为有些人不能正确地看待自己的处境，没有正确认清自己的价值，没有从容地活在这个世界里，才会自己给自己找麻烦。人生中难免遭遇一些利害得失，学会辩证地看待事物，就会少一些挫折感，你的人生才能轻松愉快。

上天总是公平的，在这里多给你一些，就会在其他方面拿走一些，所以得失不要看得太重，像塞翁一样做个生活的哲学家，便会减去不少烦恼。

冬长三月，早晚打春

我们都喜欢生活中发生各种各样的"好事"，而不是诸如生病、事业失败等"坏事"。然而古人告诉我们："物极必反。"人生总是一波三折，谁也无法永远一帆风顺，也不可能一辈子坏运连连。所以，不妨顺应变化，好事发生时，不要骄傲得意，而要趁机将人生提升到更高的一个高度；如若坏事临门时，也不要沮丧绝望，不妨休养生息，为下次的机会做足准备。要知道，世间事无绝对，"冬长三月，早晚打春"，当你处于人生的困顿期，颓丧绝望时，不妨说服自己多撑一天，一个月，甚至一年吧，你会惊讶地发现，当你拒绝退场时，生命将给予你惊喜。

法布尔 19 岁时从师范学院毕业,做了一名小学老师。他通过自修,一步步由初中老师、高中老师,最后升到大学讲师。这期间,法布尔一边教书,一边学习化学知识。他有一个想法,就是把用作染料的茜草色素的主要成分——茜素纯化提炼出来。

经过努力,实验成果很显著,他和印染厂的工人们都盼望着他的研究能够正式投产。当研究成功后,他却得知了另一个消息:人工茜素已经合制成功,这预示着法布尔的天然茜素纯化技术没有任何价值。

多年研究与实验的辛苦,瞬间就付之东流了,对法布尔而言,这是一个不小的打击。一段时间过后,法布尔从失落的情绪中恢复了过来,决定换一个研究方向,开始着手进行科普知识的推广。在 87 岁高龄时,他完成了自己的代表作《昆虫记》的最后一卷。

法布尔一生坚持自学,先后取得了物理学士学位、数学学士学位、自然科学学士学位及博士学位。《昆虫记》的成功给他带来了"昆虫界的荷马"以及"科学界的诗人"美名,他本人也因为此书而获得了社会的广泛认可。

谁也不会天生"衰命",只因我们未认识到这种无常而心生妄念,从而把生活和工作弄成一团乱麻。要知道,挫折与苦难是生命必然的悲痛,然而,落叶飘过之后,春天的新绿才能丝丝抽出,而春蚕吐丝作茧自缚的终极是新生命的诞生!我们生活在这起起落落、斑斓又黯淡的世界中,如一棵绿芽萌发、一朵花的开放、一只大雁南飞,是自然的生生不息。而春的温暖、夏的炙热、秋的萧瑟和冬的肃杀,都让我们轮流经历着,以此启发我们不同于任何生物的智慧。正如林清玄所说的:"生命中虽有许多苦难,我们也要学会好好活在眼前,止息热恼的心,不做无谓的心灵投射。"

古希腊哲人苏格拉底说:"许多赛跑者的失败,都是失败在最后几步。跑'应跑的路'已经不容易,'跑到尽头'当然更困难。"一个人的成功往往来自自己内心的一份坚持,这一点点坚持使他们成为真正的赢家!

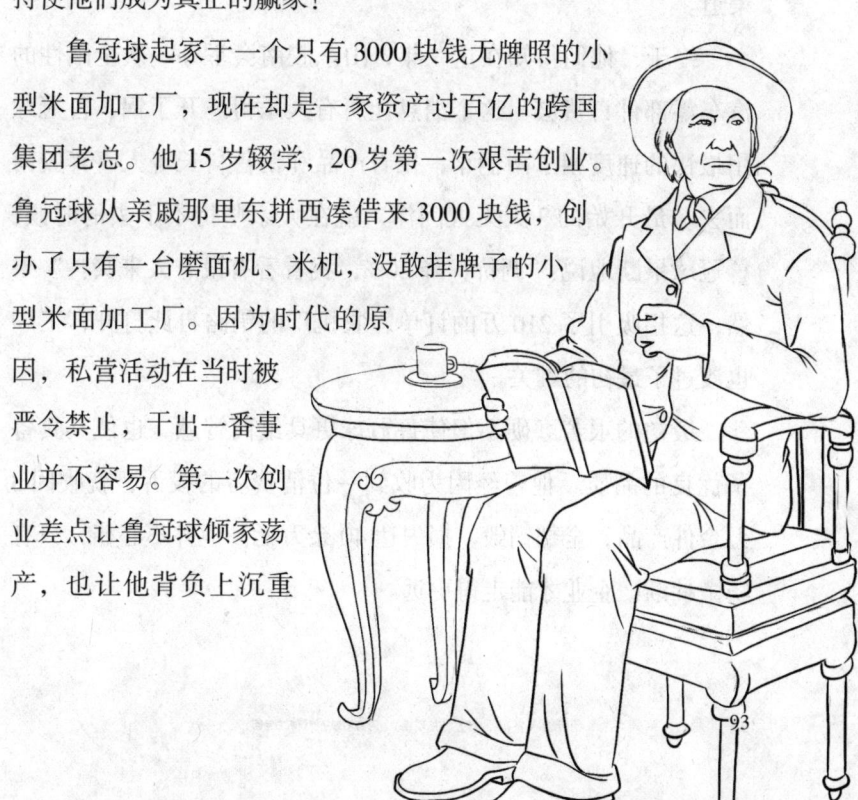

鲁冠球起家于一个只有3000块钱无牌照的小型米面加工厂,现在却是一家资产过百亿的跨国集团老总。他15岁辍学,20岁第一次艰苦创业。鲁冠球从亲戚那里东拼西凑借来3000块钱,创办了只有一台磨面机、米机,没敢挂牌子的小型米面加工厂。因为时代的原因,私营活动在当时被严令禁止,干出一番事业并不容易。第一次创业差点让鲁冠球倾家荡产,也让他背负上沉重的压力，但他总不甘心，于是就有了第二次的创业经历和艰苦的原始积累。

第一次创业后没多久，鲁冠球发现了在当时铁锹、镰刀没处买，自行车没处修的日子里，鲁冠球又勒紧裤腰带借了4000块钱，和5个人合伙开了一个铁匠铺。没有原料，就大街小巷的收废钢废铁，回去后就打铁锹和镰刀，生意越来越红火。公社领导不久就发现了鲁冠球的才能，就让他接管宁围公社农机汽配厂：一个84平方米的烂厂房。他没有丝毫犹豫就答应了下来，变卖了自己所有的家产投到厂子中。最开始，厂子的产品没有销路，鲁冠球就带领几十名骨干，兵分多路四处打听销售渠道。

终于，他们得知在这一年，山东胶南会举办一次全国性的汽车零部件订货会。这个消息让所有人乐得炸开了锅，鲁冠球用最快的速度租了两辆车，拉着产品和销售科长等人直奔胶南而去。最开始的3天无人问津，就在大家坚持不下去的时候，鲁冠球果断地说："调价！降20%，我看看有没有人来买！"果然，这招吸引了210万的订单，农机厂的销路自此打开，工厂也渡过了最初的难关。

最初的艰苦磨砺不但使鲁冠球更具经商智慧，也使其具备了优良的品质。他曾经因为收到一位消费者的投诉，就收回3万余件产品，全部销毁，损失达40余万元。他并不心痛，只有防微杜渐，企业才能走得更远。

相比同时期的其他人，鲁冠球获得了一个"商界不倒翁"的名号，因为他的稳、他的持久和反思，更因为他能耐得住"坏运"时期的"熬"。

人生就像四季，有着寒暑之分，也会有冷暖交替的变化。情场失意、工作不得志、与家人无法沟通、在同事中不被认同、亲人病危……当我们面临人生的冬季时，不可避免地会陷入情绪的低潮，并经常在低潮与清醒中来回摇摆。当我们处于人生的冬季时，正是好好反省、重新认识自己的时候，因为在所谓清醒的时刻，往往并非是真正的清醒。不管是刻意压抑或是在潜意识中，都会在有意或无心的时候，否定内心的种种孤寂、空虚的感受，也压抑了由恐惧所引起的各种负面情绪。当然，很多人也想解决这样的问题，有人尝试各种各样的方法，只是到了最后，还是不忘提醒自己这样的话："书上写的、朋友说的我都懂，不过，懂是一回事，能不能做到又是另外一回事！"就这样，不是畏惧改变，就是不耐心等待，而错失了反省自己的机会。

生命会衰老，心路无尽头。在人生的旅途上，有寒雾笼罩的抑郁窘迫，也会有丽日蓝天的欢欣舒畅，有风雪交加的漫漫长夜，也会有月朗星稀的锦绣黎明。心路上有喜悦也有哭泣，有鲜花也有荆棘，有坦荡也有坎坷，有春天也有冬季。这就是生命中原本的模样。而我们所要做的，便是走出冬季，向阳光明媚的春天走去。

弓硬弦常断，人强祸必随

刚进入社会、开始工作的我们年轻气盛，雄心勃勃，好大喜功。在工作中，稍微取得了一点功绩顿时就雄心万丈、得意扬扬，甚至在别人面前耀武扬威。岂不知炫耀的背后往往是"满招损"，骄傲通常都是招致灾难的祸根。

年羹尧建功沙场，以武功著称。1700年考中进士后入朝做官，"更无舟楫碍，从此百川通"，进入官场的年羹尧仕途平坦，升迁很快，在1709年坐上了四川巡抚的位子。用不到10年的时间，年羹尧成为封疆大吏，此时的年羹尧深得康熙赏识。康熙希望他"始终固守，做一好官"，对他寄予厚望。

年羹尧也不负康熙厚爱，在击败准噶尔部首领策妄阿拉布坦入侵西藏的战争中，立下汗马功劳。1718年，年羹尧被授为四川总督，兼管巡抚事，统领军政和民事。1721年，年羹尧进京入觐。康熙御赐弓矢，并擢升年羹尧为川陕总督，成为西陲边境的重要大臣。当年九月，青海郭罗克地方叛乱，在正面进攻的同时，年羹尧又利用当地部落土司之间的矛盾，辅之以"以番攻番"之策，迅速平定了这场叛乱。叛乱平定后，抚远大将军被召回京，年羹尧受命与管理抚远大将军印务的延信共同执掌军务。

到了雍正即位之后，年羹尧更是备受倚重。在有关重要官员的任免和人事安排上，雍正每每要询问年羹尧的意见，并给予他很大的权力。在年羹尧管辖的区域内，大小文武官员一律听从年羹尧的意见来任用。由于两人私交也很好，雍正对年羹尧的宠信到了无以复加的地步，年羹尧所受的恩遇之隆，也是古来人臣罕能相匹敌的。1724年10月，年羹尧入京觐见，获赐双眼孔雀翎、四团龙补服、黄带、紫辔及金币等非常之物。年羹尧本人及其父年遐龄和一子年斌均已封爵位，11月，又以平定卓子山叛乱之功，赏加一等男世职，由年羹尧次子年富承袭。

在生活上，雍正对年羹尧及其家人也是关怀备至。年羹尧的手腕、臂膀有疾及妻子得病，雍正都再三垂询，赐送药品。对年羹尧父亲年遐龄在京情况，年羹尧之妹年贵妃以及她所生的皇子福惠的身体状况，雍正也时常以手谕告知。至于奇宝珍玩、珍馐美味的赏赐更是时时而至。一次赐给年羹尧荔枝，为保证鲜美，雍正令驿站6天内从京师送到西安，这种赏赐甚至可与"一骑红尘妃子笑"相媲美了。

但是，随着权力的日益扩大，年羹尧以功臣自居，变得目中无人。一次他回北京，京城的王公大臣都到郊外去迎接他，然而他对这些人正眼都不看一下，显得非常傲慢无礼，甚至对雍正有时也不恭敬，一次在军中接到雍正的诏令，按理应摆上香案跪下接令，但他随便一接了事，这令雍正很气愤。他一出门，威风凛凛不算，就连他家一个教书先生回江苏老家一趟，江苏一省的长官都要到郊外去迎接。此外，他还大肆收受贿赂，随便任用官员。雍正渐渐对他忍无可忍。

1726年年初，年羹尧给雍正进贺词时，竟把话写错，赞扬的语言成了诅咒的话。雍正以此为借口，抓了年羹尧，此后又罗列了多条罪状，将他彻底打倒。最后，年羹尧在雍正的谕令下被迫自杀。年羹尧父兄族中任官者俱革职，嫡亲子孙发遣边地充军，家产抄没入官。叱咤一时的年大将军最后以身败名裂、家破人亡告终。

　　稍微取得了一点成就便作威作福，目中无人，天上地下唯我独尊，最后遭受失败也是情理之中的事情。

　　年羹尧倚仗功勋，无视朝纲，最终人强祸随，招来杀身之祸。诸如此类的例子，不胜枚举，最为人们熟知且扼腕的当属历史上蜀国的关羽。三国时期，关羽也是妄自尊大才导致灾祸的。

　　自刘备攻取益州以来，关羽一直坐镇荆州。荆州包括南阳、南郡、江夏、武陵、长沙、桂阳、零陵7个郡，是曹操、刘备、孙权三方必争的战略要地。赤壁之战后,曹操还占据着南阳郡和南郡的北部,孙权占据着江夏郡和南郡的南部,其余四郡被刘备所"借"。孙权曾多次派人接手长沙、零陵、桂阳三郡,都被予以拒绝。孙权一怒,马上派吕蒙率领两万兵马用武力接收这3个郡。吕蒙夺得了长沙、桂阳两郡后,刘备急忙亲率五万大军下公安,派关羽带领三万兵马到益阳去夺回那两个郡。孙权也亲自到陆口,派鲁肃领一万兵马扎在益阳,与关羽相拒。东吴的军队和关羽的军队都在益阳扎营下寨,彼此对峙。此时,曹操攻下了汉中,刘备为联合孙权共同抵抗曹操,决定与孙权平分荆州。为了与关羽重修旧好,孙权想与关羽联姻,不想竟被目中无人的关羽以"虎女岂肯嫁犬子"拒绝。这种侮辱性的语言攻击让孙权很生气。

为了实现诸葛亮和刘备在《隆中对》中所筹划的跨据荆、益二州,待时机成熟时荆州军队直下宛(今河南南阳)、洛(今陕西南部),完成统一大业的计策,关羽一直虎视襄、樊。建安二十四年(219年),镇守荆州的关羽,抓住战机,亲自率领主力北攻荆襄。当时魏国征南将军曹仁驻守樊城,将军吕常驻襄阳。曹操从汉中撤军到长安后,派遣平寇将军徐晃率军支援曹仁,屯于宛城(今河南南阳)。樊城之战开始后,曹操又派左将军于禁、立义将军庞德前往助守,屯驻于樊城以北。

此战中,关羽利用地势,水淹七军,活捉于禁。此时,魏国荆州刺史胡修、南乡(治南乡,今河南淅川东南)太守傅方,均降于关羽，陆浑（今河南嵩县东北）人孙狼等，亦杀官起兵，响应关羽，关羽声势一时"威震华夏"，以致曹操想迁都以避其锋芒。

此时的孙权受关羽如此傲慢对待，早有攻取荆州之意。曹操派使者与孙权结成联盟，并答应许给孙权荆州之地。吕蒙推荐陆逊代替自己，当时的陆逊年少多才却无名望，正任定威校尉。陆逊到任后，派使者给关羽送去了礼物和一封信，信上恭维关羽水淹七军，功过晋文公的城濮之战和韩信的背水破赵，还撺掇关羽继续发挥神威，夺取彻底的胜利。关羽看到陆逊是个无名晚辈，对自己又如此恭敬、诚恳，根本没把他放在眼里，就把荆州大部分军队陆续调到了樊城。

围攻樊城的战争开始后，腹背受敌的关羽败走麦城，为吕蒙所擒，一代英雄就此陨灭。"关羽万人之敌，为世虎臣。羽报效曹公，有国士之风。然羽刚而自矜，以短取败，理数之常也。"水淹七军之后，好大喜功的关羽从此更是眼里放不下一个人，然而紧接着而来的便是身首异处的悲惨下场。

自傲者往往是偏见者，狭隘的眼光只看得到自己的长处和别人的短处，用自己的长处跟别人的短处作比较，优越感自然就产生了。这种缺乏自知之明、莫名其妙的优越感就是葬送自己前程的罪魁祸首。

做人需不傲才以骄人，不以宠而作威。记住，"弓硬弦常断，人强祸必随"，任何时候我们都不要自视高人一等。

宠辱不惊，去留无意

陈眉公辑录的《小窗幽记》中记录了明人洪应明的对联："宠辱不惊，闲看庭前花开花落；去留无意，漫随天外云卷云舒。"

这句话的意思是说，为人做事只有把宠辱看作如花开花落般平常，才能不惊；只有把职位去留看作如云卷云舒般变幻，才能无意。

大画家齐白石的座右铭："人誉之一笑，人骂之一笑。"这句话正好可以看作那副对联的最好写照。

"人骂之一笑"这一句话，看似容易，真正做起来却难，因为那需要"波澜不惊"的情怀。阅历丰富又看惯了人情世故的齐白石老人一直明白一件事情：尽管自己学术有成，但是人多嘴杂、众口难调，有赞赏声，自然也就会有谩骂声。各人欣赏眼光不同，对同一幅艺术作品，喜欢者赞不绝口，厌恶者可能会将其贬得一文不值。

所以，又何必太在意外界的骂声、诽谤声，虽然也难免会声声入耳，但听了之后不必当真，一笑了之而已。当然，这是对于那些无聊的毁谤，如果是有道理的真知灼见，则不能"一笑了之"了，那就需要有能够接纳真言的胸襟。

能够做到"人誉之一笑"，需要一个人睿智通达，知道山外有山，人外有人。每一个领域都新人辈出，各领风骚，即使是被别人奉为大师，自己也不能真的就把自己当作大师。

比起猛烈的攻击，其实掌声和鲜花容易使人眩晕，因为人在荣誉面前的抵抗力总是很低的，所以，一定要保持清醒的头脑，如果真的觉得自己已经可以了，就离淘汰出局不远了。所以，尽管齐白石的艺术生涯硕果累累，一直生活在荣誉和光环中，水到渠成地成为人民艺术家、中国美术家协会主席、人民代表大会代表、国际和平奖获得者……但他却始终是一笑了之，既不得意忘形、目空一切，也不孤芳自赏、故步自封。

齐白石的"两笑"，真正地阐明了一个道理：宠辱不惊。

在现实生活中，人生总是会有起有落，"宠"或"辱"是每个人都会遇到的事情。"受宠"时，我们就难免洋洋自得，忘乎所以，美滋滋地感受着似锦繁花；而当"受辱"时，自然也难免愤怒的火焰在胸中燃烧，痛苦难耐，灼伤了自己，也焚烧了别人。倒不如以平和的心态。看淡"宠辱"，那么，就不会产生失衡的落差了。

不过，比起"辱"不惊，能做到"宠"不惊的才是真正的高手。

曾有这样一则笑话：

从前有一个老童生，考了一辈子科举连个秀才都没捞上。有一次，他和儿子同科应考。等到放榜的那一天，儿子看了榜，知道自己已经被录取，赶快回家报喜。

当时老童生正在房里洗澡，儿子敲门大叫说："父亲，我考取了!"老子在房里大声呵斥说:"考取一个秀才,算得了什么,这样沉不住气,将来怎么成大器!"儿子一听,吓得不敢大叫,便轻轻地说:"父亲,你也上榜了!"只听"砰"地一声,房门打开,他父亲连衣裤都没穿上,一丝不挂地一冲而出,大声呵斥说:"你为什么不先说?"

看来,能够面对自身的"宠辱"还泰然处之确实需要一些定力。能做到顺其自然,是一种难得的境界。所谓"布衣可终身,宠辱岂足赖",人生的一切都是过眼云烟,既然如此,人生的宠辱也不过是一刹那,又有什么值得夸耀和留恋呢?

如果一个人能够做到宠辱不惊,那么,不管是在日常生活还是人际关系上,他都不会被世事搅乱,总有平和宽松的心态。所谓"君子坦荡荡,小人长戚戚"。一个没有杂念、低调单纯的人,他的心是一片静谧的森林,没有喧闹,没有浮躁,是一种雾霭袅袅的清晨中随着微风低吟的舒缓心境。但是,如果不能够做到这一点,他的心就像暴风雨中的一株小树苗一样,永远处在飘摇之中。

既然如此,何不在平和中找寻人生的美景,将一切都平常对待。

高山流水、四季变换不过是轻轻而来,又轻轻而去罢了。乐也何妨?怒也何妨?唯有视宠辱如花开花落般平常,才能波澜不惊。

19世纪中期,英国实业家菲尔德率领他的船员和工程师在大西洋底铺了一条海底电缆,首次将欧美两个大陆连接起来,因此被誉为"两个世界的统一者",一夜之间,他成为最光荣、最受尊敬的英雄;但好景不长,因技术故障,刚接通的电缆信号中断,顷刻之间人们的赞辞颂语骤然变成愤怒的狂涛,曾经的英雄几乎在一眨眼之间,就变成了"骗子"。

面对如此悬殊的宠辱逆差,菲尔德泰然自若,一如既往地坚持自己的事业。

经过6年的努力,海底的电缆最终成功地架起了欧美大陆的信息桥梁。宠也自然,辱也自在,菲尔德之所以成功,也正在于此。

其实,宠辱不惊可以成为我们心灵上的一帖抚慰剂。当我们为爱情、金钱、名利苦苦挣扎时,不妨用平和的潇洒来灌溉焦躁的心田;当我们失意、悲伤时,不妨用宁静的单纯来抚平灼痛的伤口。

若心中无过多的欲念,又怎会患得患失?我们只要管好自己,得之不喜,失之不痛,不计较得失,不在意别人的眼光;只要做自己喜欢的事,走自己的路,外界的评说又算得了什么呢?

只有做到宠辱不惊,方能恬然自得。人人都希望拥有愉悦的生活,面对"宠辱",只要我们做到"不惊",就可以拥有快乐。

有求皆苦，无欲则刚

怎样才算得上真正的刚强，老人言："有求皆苦，无欲则刚。"

孔子说：我始终没有看见过一个够得上刚强的人。有一个人说，申枨不是很刚强吗？孔子说，申枨这个人有欲望，怎么能称得上刚强呢？一个人有欲望是刚强不起来的，碰到你所喜好的，就非投降不可，只有无欲时才能刚强。

如果一个人说什么都不求，只想成圣人、成佛、成仙，其实也是有所求，有求就苦。人到无求品自高，要到一切无欲才能真正刚正，才能真正作为一个大写的人，屹立于天地之间。

"事能知足心常惬，人到无求品自高"，这是清代陈伯崖写的一副千古绝对。李叔同写过一首赠友人的诗，诗中便引用了该联："今日方知心是佛，前身安见我非僧。事业文章俱草草，神仙富贵两茫茫。凡事须求恰好处，此心常懔自欺时。事能知足心常惬，人到无求品自高。"这里说的"无求"，不是对学问的漫不经心和对事业的不求进取，而是告诫人们要摆脱功名利禄的羁绊和低级趣味的困扰，有所不求才能有所追求。

　　林则徐最初在山东济宁当运河河道总督时，便立下一块石碑，上面镌刻着这 7 个大字："人到无求品自高"，一针见血地道出无私无欲的崇高品德，作为自己的座右铭，时刻鞭策自己、激励自己。林则徐面对官场的腐败风气的污邪，语重心长地给在京翰林院任职的长子写过一封书信，信中说："吾儿年方三十，侥幸成务，何德何才，而能居此，唯有一言嘱汝者，服官者应时时作归计，勿贪利禄，恋权位，而一旦归家，则又应时时作用计，勿儿女情长，勿荒弃学业，须磨砺自修，以为旦之为。"林则徐故居厅堂中悬挂着一幅他亲笔所书的格言："海纳百川，有容乃大；壁立千仞，无欲则刚。"

　　道家说，有所求而无所得，无所求而有所得。表面上看是一种消极的处世态度，静心领悟，会发现这其实是一种深层次的人生哲理。正所谓"山高人为峰，无求品自高"。

　　淡泊明志，宁静致远。拥有一颗宁静的心，我们才能从容地面对自己的生活。很多时候，当我们在困窘的处境中，似乎会有更多的渴望，然而，太多不切实际的杂念，也往往是我们登上人生顶峰的最大阻碍。这时候，如果你能够让你的心态平静下来，不受外界的干扰，那么你就可以得到你想要的一切。

第六章

个人涵养：
茶也醉人何必酒，
书能香我不须花

——为人若君子，不可损德行

诚信无须假于笔墨，美丽无须假于粉黛

诚信，就是诚实信用，忠诚正直。即忠于事物的本来面貌，不隐瞒自己的真实想法，不掩饰自己的真实感情，不说谎，不作假，不为不可告人的目的而欺瞒别人。诚信是现实生活中维系人与人之间良好关系的纽带。

诚信是做人之本，是一种至高无上的美德，是中华民族的传统美德。不诚信的人是很难被别人接受的。在人生的漫漫长路中，诚信就像是一盏明灯，指引着我们走向成功之路。现实生活中只有每个人都拥有诚信的品质，践行诚信的美德，才能相互信任，相互交流，搭建起友谊的桥梁。

我国著名的教育家、思想家孔子就曾经说："人而无信，不知其可也。"意思是说做人却不讲信用，不知道那怎么可以。说的就是做人要诚信的基本道德。

在秦朝末年有一个叫季布的人，他一向说话算数，在当时社会上的信誉非常高，许多人都非常崇拜他，也非常相信他，而且同他建立起了深厚的友情。在当时民间甚至流传着这样的谚语："得黄金百两，不如得季布一诺。"

后来秦朝灭亡后，他因故得罪了汉高祖刘邦，于是刘邦悬赏黄金百两全国捉拿他。他的朋友只要把他抓住献给刘邦，就可以得到百两黄金作为奖励，结果他的那些昔日的朋友不仅不

被重金所惑，而且纷纷冒着被灭九族的危险来保护他，最终刘邦也没有抓到季布。

由此可见，一个诚实守信的人，自然能获得朋友的尊重和友谊，这就是古话说的"得道多助"。反过来，如果一个人或者一国之君因贪图一时的安逸或者小便宜，而失信于自己的人民或者是朋友，表面上看好像是暂时得到了"实惠"。但是从长远来看，为了这点实惠，他毁了自己的声誉，这声誉比他所得到的那点"实惠"要重要得多。所以，失信于朋友，无异于丢了西瓜捡芝麻，从长远来看是得不偿失的。

有人因为诚信而在关键时刻挽救了自己的性命，而有人则因为失信于人而吃亏甚至丢掉自己的性命。

如果一个人不守信，迟早会失去别人对他的信任。那么，一旦他处于困境，很可能就没有人再愿意出手相救了。所以孔子说："人而无信，不知其可也。"失信于人者，一旦遭难，也就只有坐以待毙了。

诚信对于一个国家也非常的重要。在美国，每年都会有许多游人去纽约河边公园的"南北战争阵亡战士纪念碑"前祭奠亡灵。美国第十八任总统、南北战争时期担任北方军统帅的格兰特将军的陵墓就在这个公园的北部。格兰特将军陵墓后方是一大片草坪，一直绵延到公园边的悬崖边。格兰特将军的陵墓后边，更靠近悬崖边的地方，还有一座没有记载、没有名字的小孩子的坟墓。那是一座非常小也非常普通的墓，只有一块小小的墓碑，上面的文字已经模糊得几乎无法辨认，这个小小的坟墓记载着一个感人至深的关于诚信的故事。

这个故事发生在两百多年以前。有一年，这个小男孩5岁时，不小心从这里的悬崖上坠落身亡。他的父母当时非常的伤心，便将他埋葬在这个地方，并修建了这样一个小小的坟墓来纪念他。很多年以后，小男孩的父亲要将这片土地转让。出于对儿子的爱，他对买主提出一个很奇特的要求，那就是要求买主要把孩子的陵墓作为土地的一部分，一直保存着。买主被伟大的父爱感动，答应了这个奇特的条件，并把这个条件写进了契约。就这样，孩子的小小坟墓就一直被保留了下来。

沧海桑田，时光荏苒，一百年过去了。这片土地不知道中间换了多少次主人，但是小男孩的小小坟墓却一直在那里。小男孩父亲那个奇特的条件随着一个又一个的买卖契约被传承下来，因而小男孩的坟墓也完整无损地保存下来。时间到了1897年，政府成了这块土地的主人，这里被政府选中作为格兰特将军的陵园。美国政府也遵从了契约中那个奇特的条件，将无名孩子的坟墓完整无损地保留下来，成了格兰特将军陵墓的邻居。

时间又过了一百年，在1997年，为了缅怀格兰特将军在南北战争中立下的丰功伟绩，当时的纽约市长朱利安尼来到这个陵园。朱利安尼市长亲自撰写了这个动人的故事，并把它刻在小男孩坟墓旁边的木牌上，让这个关于诚信的故事世世代代流传下去……

纵观古今，因诚信而成功的人比比皆是，而败落在诚信脚下的人也是数不胜数。在当今物质生活非常发达的现在社会中，面对那么多的诱惑，做到诚实守信是确实不容易，但是如果你用自己的信心，用发自心底的责任和尊严去信守，那么，最终我们会发现这样的坚守对于我们的成功是值得的而且是必需的。

常善人者，人必善之

在看到需要帮助的人就本能地伸出援手的人，当自己遇到困难时，通常也会适时地得到援助。我们相信好人有好报，想好事，做好事，就会有好结果。善行必会衍生出另一个善行，善行终会招来善报。

"常善人者，人必善之"，要有愿意为别人服务的精神，俞敏洪就是因为为别人服务的精神而得到了"好结果"。

俞敏洪在北大读书的时候，每天打扫宿舍卫生，这一打扫就打扫了4年。另外，他每天都拎着水壶去给同学打水，把它当作一种体育锻炼。

又过了10年，到了1995年年底的时候新东方做到了一定规模，他想找合作者，结果就跑到了美国和加拿大去寻找他的那些同学。他说他自己当时为了诱惑他们回来还带了大把的美元，每天在美国非常大方地花钱，想让他们知道在中国也能赚钱。

俞敏洪当时想的是大概这样就能让他们回来。后来他们回来了，但是给了俞敏洪一个十分意外的理由。他们说回来是冲着俞敏洪过去为他们打了4年水。他们说，他们知道，俞敏洪有这样的一种精神，所以他们一起回中国，共同为新东方努力。正是由于俞敏洪的这种奉献精神才有了新东方的今天。

虚怀若谷，谦恭自守

道家强调："气也者，虚而待物者也。唯道集虚。"从这句话中，我们可以做这样的理解，那就是一个人要抛弃心中的得失成见，让心灵"虚而待物"，做一个谦虚君子，更能显出其力量与魅力。而一个人要保持内心的纯净与空灵，用庄子的话说就是要"去知集虚"，在道家看来，只有这样才能摆脱尘世得失心的干扰，拥有快乐美好的人生。而这正是做人谦虚的表现。相反，如果不够虚心，骄傲自大，那就很有可能做出一叶障目、贻笑大方的事情了。古往今来，因此闹过笑话甚至犯错误的人，

数不胜数，就是大才子苏东坡也有过这样的经历。

有一次苏东坡去拜见王安石，当时王安石正在睡觉，他被管家徐伦引到王安石的东书房用茶。徐伦走后，苏东坡见四壁书橱关闭，书桌上只有笔砚，更无余物。他打开砚匣，看到是一方绿色端砚，甚有神采。砚池内余墨未干，方欲掩盖，忽见砚匣下露出纸角儿。取出一看，原来是两句未完的诗稿，认得是王安石写的《咏菊》诗。苏东坡拿起来念了一遍："西风昨夜过园林，吹落黄花满地金。"

苏东坡哑然失笑，这诗第二句说的黄花即菊花。此花开于深秋，敢与秋霜鏖战，最能耐久。随你老来焦干枯烂，并不落瓣。说个"吹落黄花满地金"岂不错误了？苏东坡兴之所发，不能自已，举笔舐墨，依韵续诗两句："秋花不比春花落，说与诗人仔细吟。"然后就告辞回去了。

不多时，王安石走进东书房，看到诗稿，问明情由，认出苏东坡的笔迹，口中不语，心下踌躇："屈原的《离骚》上就有'夕餐秋菊之落英'的诗句。他不承认自己学疏才浅，反倒来讥笑老夫！"又想："且慢，他原来并不晓得黄州菊花落瓣，也怪他不得！"后来，苏东坡被贬为黄州府团练副使。苏东坡在黄州与蜀客陈季常为友。重九一日，天气晴朗，恰好陈季常来访，东坡大喜，便拉他同往后花园看菊。令他惊讶的是，只见满地铺金，枝上全无一朵。惊得苏东坡目瞪口呆，半晌无语。苏东坡叹道："当初小弟妄续王丞相的《咏菊》诗，谁知他倒不错，我倒错了。今后我一定谦虚谨慎,不再轻易笑话别人。唉,真是不经一事,不长一智啊!"

我们也经常犯苏东坡这样的错误,我们往往为自己思想中某些固有的成见所左右,对事物做出错误的判断。所以,做人一定要低调,要谦虚,不要为自己的成见所蒙蔽,把一切想当然地理解。

人类的智慧可以认识世间的万事万物,却偏偏难以认识自己。因为不认识自己,所以自命不凡;因为不认识自己,所以性情狂妄;因为不认识自己,所以才会逃避;也正因为不认识自己,才会在前进的路上重重地摔伤。而只有找准自己的位置,认清自己,才不迷失自我。

做出一点点成绩便会飘飘然是许多人的通病。成绩使心膨胀、上升,以致不能认清自己的实力,丧失理智地去攀登永远无法逾越的高峰。最后,不但得不到成功,还会弄得疲惫不堪、伤痕累累。

谦卑是一种无言却巨大的力量。一个人如果想在纷繁复杂的世间走好,就要学会谦恭。

谦恭自守是一种人生的大智慧,拥有这种智慧的人虽有大功却甘居下位,保持谦虚,是很难得的。"居功而不自傲"、虚怀若谷、谦恭自守是美德,是一个人取得更大成功的保障,而"自满者败,自矜者愚",一旦认为你自己伟大,并希望别人对你顶礼膜拜时,那你就准备迎接失败吧。

自负绝对不能与自信画等号。自信的人对自我价值有积极的认识，他们坚强乐观，笑对生活中的挫折和坎坷；自负的人却过高地估计自我，狂妄自大，不懂适时的收敛，最终将会跌进失败的深渊。

曾国藩是中国历史上最有影响的人物之一，其为人处世堪称难得。他常对家人说，有福不可享尽，有势不可使尽。他平日最好昔人"花未全开月未圆"七个字，将其视作惜福保泰之法，常存冰渊惴惴之心，处处谨言慎行。他的处世原则是：趋事赴公，则当强矫；争名逐利，则当谦退。开创家业，则当强矫；守成安乐，则当谦退。出与人物应接，则当强矫；入与妻奴享受，则当谦退。若一面建功立业，外享大名，一面求田问舍，内图厚实，二者皆盈满之象，全无谦退之意，则断不能长久。

"水满则溢"，一个容器若装满了水，稍一晃动，水便溢了出来。自负的人心里装满了自己过去的所谓"丰功伟绩"，再也容纳不了新知识、新经验和别人的忠言了。长此以往，事业或者止步不前，或者猝然受挫。

因此，一个人不管自己有多丰富的知识，取得了多大的成绩，或是有了何等显赫的地位，都要谦虚谨慎，不能自视过高；应心胸宽广，博采众长，不断地丰富自己的知识，增强自己的本领，进而获得更大的成绩。如能这样，则于己、于人、于社会都有益处。谦虚永远是成大事者所具备的一种品质，而只有浅薄者才会为自己的成功自鸣得意。

知足不辱，知止不殆

《增广贤文》中写道："知足常足，终身不辱；知止常止，终身不耻。"这里的止，是停止的意思。这句话告诉人们凡事要知道满足，要适可而止，这样，才能让自己的一生无辱、不耻。

知止而止，是一个人立身不败的根本。做人应常修从业之德，常怀律己之心，常思贪欲之害，常弃非分之想，这样才能避免灾祸、平安长久。金朝的石琚就是知止的一个榜样。

金熙宗时期，石琚任邢台县令时，官场腐败，贪污成风，独石琚洁身自好，他还常告诫别人不要见利忘义。

石琚曾经规劝邢台守吏说："一个人到了见利不见害的地步，他就要大祸临头了。你敛财无度，不计利害，你自以为计，在我看来却是愚蠢至极。回头是岸，我实不忍见到你东窗事发的那一天。"邢台守吏拒不认错，私下竟反咬一口，向朝廷上书诬陷石琚贪赃枉法。结果，邢台守吏终因贪污受到严惩，其他违法官吏也一一治罪。石琚因清廉无私，虽多受诬陷却平安无事。

石琚官职屡屡升迁，有人便私下向他请教升官的秘诀。石琚说："我不想升迁，凡事凭良心，这个人人都能做到，只是他们不屑做罢了。人们过分相信智慧之说，却轻视不用智慧的功效，这就是所谓的偏见吧。"

金世宗时，世宗任命石琚为参知政事，不料石琚百般推辞。

金世宗十分惊异，私下对他说："如此高位，人人朝思暮想，你却不思谢恩，这是何故？"

石琚以才德不堪作答，金世宗仍不改初衷。石琚的亲朋好友力劝石琚道："这是天下的喜事，只有傻子才会避之再三。你一生聪明过人，怎会这样愚钝呢？万一惹恼了皇上，我们家族都要受到牵连，天下人更会笑你不识好歹。"

石琚长叹说："俗话说，身不由己，看来我是不能坚持己见了。"

石琚无奈接受了朝廷的任命，私下却对妻子忧虑地说："树大招风，位高多难，我是担心无妄之灾啊！"他的妻子不以为然，说道："你不贪不占，正义无私，皇上又宠信于你，你还怕什么呢？"

石琚苦笑道："身处高位，便是众矢之的，无端被害者比比皆是，岂是有罪与无罪那么简单？再说皇上的宠信也是多变的，看不透这一点，就是不智啊。"

石琚在任太子少师之时，曾奏请皇上让太子熟习政事，嫉恨他的人便就此事攻击他别有用心，想借此赢取太子的恩宠。金世宗听后十分生气，后细心观察，才认定石琚不是这样的人。后来，金世宗把别人诬陷的话对石琚说了，石琚所受的震撼十分强烈，他于是坚辞太子少师之职，再不敢轻易进言。

大定十八年，石琚升任右丞相，前来贺喜的人络绎不绝。石

琚表面上虚与委蛇，私下却决心辞官归隐。他开导不解的家人、故旧说："我一生勤勉，所幸得此高位，这都是皇上的恩典，心愿已足。人生在世，祸在当止不止，贪心恋权。"

他一次又一次地上书辞官，金世宗见挽留不住，只好答应了他的请求。世人对此事议论纷纷，金世宗却感叹说："石琚大智若愚，这样的大才天下再无第二人了，凡夫俗子怎知他的心意呢？"

石琚确实是一位有大智慧的人，因为他清楚繁华只是过眼云烟，终究有散去的时候，"因嫌纱帽小，致使锁枷扛"的例子已经比比皆是了，警钟敲得已经足够响了！

隋朝时的大儒王道，专门写过一本名叫《止学》的书，其中有一句非常有名的话："大智知止，小智惟谋。"意思是说拥有大智慧的人知道适可而止，而只有小聪明的人却只知道不停地谋划。因此，为人，须懂得"过犹不及""知止不败"的道理，当行则行，不被风光迷惑双眼，当止则止。

大智若愚

庄子说:"知其愚者,非大愚也;知其惑者,非大惑也。"人只要知道自己的愚和惑,就不算是真愚真惑。是愚是惑,各人心里明白就行了。圣贤将"装糊涂"上升到哲学的高度,其中的深意耐人寻味。

在一个小镇上,有一个孩子,人们常常捉弄他。其中最为乐此不疲的一个游戏是挑硬币,他们把一枚五分硬币和一枚一角硬币丢在孩子面前,他每次都会拿那个五分的。于是大家哈哈大笑,感叹一番"真傻""傻得不可救药"。

一个女教师偶然看到了这一幕,心中非常难过,她为那些没有同情心的人感到可悲。她把那孩子拉到一边,对他说:"孩子,你难道不知道一角钱要比五分钱多吗?为什么要让人家嘲笑你呢?"

出乎意料的事发生了,那孩子双眼闪出灵动的光芒,他笑着说:"当然知道!可是如果我拿了那一角钱,以后就再也拿不到那许多的五分钱了。"

这个孩子正是那种貌似愚钝、内心清明的人,他的傻只是一种伪装,谁聪明谁傻,从表面上是看不出的,真正的聪明人往往不是光彩外露的。

在纷繁复杂、变幻莫测的世界上,那些智者有时故意装憨卖傻,以一副糊涂表象示之于众人。然而也唯有如此,方称得上有"大智慧",是"大聪明"。明朝时唐伯虎曾经被宁王请去做幕僚,但是唐伯虎很快发现,宁王图谋不轨,包藏犯上作乱的祸心,自己如果跟着他,后果不堪设想。怎么办呢?唐伯虎心生一计:装疯卖傻。于是他整日在街头上装疯,甚至赤裸狂奔,闹得满城风雨。宁王无奈,只好派人将其送回家乡。唐伯虎得以巧妙脱身,后来宁王兵败被俘,他没有受到牵连。

装糊涂是一种人生大智慧。每个人都希望比别人更聪明。装糊涂可以满足对方这种心理。一旦他意识到他比你聪明,他就不会敌视你。

说话要诚实,办事要公道

人生在世,短短几十年,如果我们对自己的人生没有一把衡量对错的标尺,那是很危险的,我们可能会迷失在罪恶的万丈深渊中。我们要堂堂正正地做人;在办事情、处理问题时,也要站在公正的立场上,提出合理的解决方案。我们对待任何事物都要遵循自己的原则,诚实待人,公正对物。

春秋时期,吴国有一个人叫季札,有一次君王派他出使鲁国,季札在出使的途中经过徐国,于是徐国国君设宴招待他。等大家都入席坐定之后,徐国国君言语之间,掩饰不住他对季札那一把宝剑的喜爱之情。季札心里就琢磨:"他喜欢我的这一把宝剑,出于两国的和平考虑,我应该把它送给徐国国君。但是现在不行,因为我要出使鲁国,这个佩剑是必要的显示身份

的礼仪，所以只能等办完事以后才可以送给他。"所以季札在心里记住了这件事。后来等他顺利出使鲁国，返回来经过徐国时，他特意去拜访徐国国君，想要把宝剑亲自送给他。

不巧，徐国国君去世了。季札知道以后，就前往他的坟前给他祭拜。祭拜完了，把宝剑挂在坟旁的树梢上，然后离开。他的仆从说："主人，你没有必要这样做啊，因为你之前并没有亲口答应要把这把宝剑送给徐国国君。

纵使你答应过他,他现在也已经死了,你遵守不遵守对他来说还有何意义呢?"季札回答说:"我的心里早就已经答应送给他了。怎么可以因为他去世而违背我内心的承诺呢?"这就是历史上著名的"季札挂剑"的由来。

古代人的"信"不只在言语上,连一个念头也不能违背,因为他们不愿违背自己的良心。古代人的这种精神,正说明了古人做人的诚实,我们后人要好好地向他们学习才是。

由古思今,一个人、一个企业要想在商场中立足,就必须懂得这两点:做人诚实,办事公道。一个成功的企业家说过:"其实一个老板,不必要有太大的能耐,最要紧的是要厚道,然后你的员工就地道了。"

厚道也是一个人做人的基本准则。一个企业有生命力,首先就要有明确的企业基本准则、企业的精神和文化,这与做人是一样的,企业能够诚实、公正对待自己的客户,那么就能建立雄厚的企业。企业的成长不是一个人就能支撑的,需要领导和员工的共同努力。一个领导在企业中就如同一个领航掌舵的人,他的言行举止、一举一动都会影响员工的处事方式,有一个厚道、诚信、坚持原则的领导,那么长期的"近朱者赤"的熏染,员工也会变得厚道起来,企业也会受到社会的认可。

第七章

工作态度：活着一分钟，战斗六十秒

——节制但不保守，进取但不冒进

窍门满地跑，就看找不找

在工作和生活当中，有很多解决问题的小窍门。因为解决问题的方法多种多样，如果我们能找到比较快捷灵巧的方法，那么解决问题的时候就简单方便多了。正应了一句老人言："窍门满地跑，就看找不找。"

在英国美丽的乡下，有一条小溪蜿蜒地流过农场。有一天，两个小男孩想到小溪的对岸去摘果子吃，可是，小溪水挡住了他们的去路。其中一个高个子的男孩，径直走到小溪边，脱下鞋子，想试着蹚过去，可是溪水有点深，他试了几次都退了回来。另一个矮小的男孩却站在岸边思索了片刻，决定绕道去，因为一公里开外的地方有一座独木桥。

半天的工夫，这个矮小的男孩绕过了小桥，去到对岸，摘到了红红的果子，开心地吃了起来。而另一个高个子男孩还在那里坚持着蹚水。

其实，很多时候，成功并不是仅仅有了勇气、坚持不懈就能达成，多动脑筋，多用智慧，就少跑冤枉路，成功比想象的容易得多。在我们日常的工作中，做事的态度很重要。同样的工作，用不同的态度去做，会干出不同的效果；而干同样工作的人，也会有不同的收获。

杰克和约翰同在一家店铺做学徒工，一样的勤劳工作，拿着一样的酬劳。可是一段时间后,约翰被提拔做了分店的主管,而杰克却仍在原地踏步,做着学徒工。

杰克很不满意,他感觉自己在工作上比约翰卖力多了。终于有一天,他到老板那儿发泄自己的不满。老板一边耐心地听着他的抱怨,一边在心里盘算着怎样向他解释他和约翰之间的差别。

"杰克,你听着,"老板说话了,"你去集市走一趟,看看今天早上有什么新鲜的蔬菜卖。"

不一会儿,杰克从集市上回来向老板汇报说:"今早集市上一个农民拉了一车土豆在叫卖,土豆看着很新鲜。"

"土豆有多少斤?"老板问。

杰克一愣,赶快又跑到集市上,然后回来告诉老板说一共有40袋土豆。

"价格是多少?"

杰克第三次跑到集市上问来了价格。

"好吧,"老板对他说,"现在你坐在那里,别说话,看看约翰怎么做的。"

当约翰从集市上回来时,对于老板问的同一个问题,他向老板汇报说,到目前为止只有一个农民在卖土豆,它们很新鲜,一共40袋,价格是40美分一袋;土豆的表皮光滑,色泽圆润,是上好的土豆,并且他还带回来一个让老板看。这个农民说,下午他还会运来几篮子西红柿,价格也会非常公道。约翰还说,昨天老板铺子里的西红柿销量很好，库存已经不多了。他想这么便宜的西红柿老板可能想要买几篮子，所以约翰不仅带回一个西红柿做样品，而且把那个卖土豆和西红柿的农民也带来了，他现在正在外面等着跟老板面谈呢。

此时老板转向杰克，对他说："现在你知道为什么约翰能胜任主管的职位了吧？"

我们在平时工作中，也要多思考，少蛮干。工作遇到难以处理的问题，多与同事和前辈们沟通，多想一些解决问题的方法和途径，不要一味埋头苦干，那样不仅会弄得自己身心疲惫，而且事情还会事倍功半。

在社会上，但凡有点成就的人，都懂得"找到最有效的工作方法"对成功的重要性。

在美国，一个年轻人在一家石油公司工作，他所做的工作

很简单，也很乏味，就是巡视并确保石油罐盖有没有自动焊接好。石油罐从输送带上缓慢移动到旋转台上，在那里，焊接剂便自动滴下，并沿着油罐盖四周转动一圈，流程就结束。接着，下一个油管移过来，同样重复这道工序，再下一个到来……

工作时间久了，年轻人感到枯燥无味，心里厌烦极了。他很想做一项有意义的事业，可是自己没其他的本事，也没经济基础，于是，也就作罢，坚持做着自己的这项工作。

一天，他发现油罐旋转一次，焊接剂滴落39滴，焊接工序就算完成了。他想，在一系列简单的工序中，有没有可以改善的地方？能不能让焊接剂少滴落几滴，但还能达到一样的效果呢？

于是，在工作之余，这位年轻人仔细钻研，终于研制出了37滴型焊接机。但是，试用一段时间之后发现，利用这种型号焊接出来的油罐，偶尔会漏油，并不是很完美。他再接再厉，经过一番努力，研制出了38滴型焊接剂，这次发明很成功，公司对他的这种机型很关注，不久之后，就采用了这种机型用于焊接工序中。这虽然只节省了一滴焊接剂量，但"一滴"却为公司带来了5亿美元的利润。

这位年轻人，就是后来的石油大王——约翰·D.洛克菲勒。他找到了改善焊接工序的窍门，使自己的人生发生转变。我们在生活中也应该如洛克菲勒一样，勤于思考，善于发现，才能有所创新、有所成就。

世上无难事，只要肯攀登

　　没有人能一步到达山顶。真正达到人生顶峰的人，是一步一个脚印往前迈进，不管路途有多么的崎岖。"世上无难事，只要肯攀登"，成功路上，不会都是坦途，总会遇到一些难事，但是遇到了困难的事，我们也不能就此被挫了锐气，从此畏首畏尾。路在自己脚下，不要畏惧艰难，勇往直前走下去，总会克服困难的。

　　1940年，对英国人来说那是一段非常艰难的日子：敦刻尔克大撤退后，希特勒已将自己的纳粹势力扩展到了西欧的大部分地区。在这种情形下，丘吉尔为了鼓舞英国人民的斗志，安慰他们恐惧和不安的心灵，发表了重要的演讲。

　　这些演讲甚至在我们今天阅读它们的时候，也让我们内心充满面对人生任何困难永不放弃的决心。

　　"虽然欧洲的大部分土地和许多著名的古国已经或可能陷入了盖世太保以及所有可憎的纳粹统治机构的魔爪，但我们绝不气馁、绝不言败，将战斗到底。我们将在法国作战，我们将在海洋中作战，我们将以越来越大的信心和越来越强的力量在空中作战，我们将不惜一切代价保卫本土，我们将在海滩作战，我们将在敌人的登陆点作战，我们将在田野和街头作战，我们将在山区作战。我们绝不投降。"

　　这些演讲让每个听演讲的英国人内心充满坚定的信念，这些演讲字字进入了英国人的灵魂深处，唤起了潜伏在每个英国人内心的雄心。

爱迪生说："我最需要的，就是做一个能尽我所能的人。尽我所能，那是我的问题；不是拿破仑或林肯的所能，是尽我所能。我能够在我生命中贡献出最好的，抑或是最坏的，能够利用我能力的10%、15%、25%，抑或90%，这对于世界，对于自己，都可以生出很多差异来。"

在我们日常生活中，很多人是登山运动的爱好者，但很少有人能挑战自我，达到顶峰。关于"人为什么要去登山"这样的问题，英国人乔治·马洛里的回答一直被全世界奉为经典，"因为山在那里"——的确，我们人生的道路上，山存在了，我们要做的就是勇攀高峰，才能继续下面的路。如果我们见到了山，退缩了，那么我们永远走不到终点。听着远山的呼唤，迈步向山的那一边进发。

一位熨衣服的工人，周薪只有几十美元，他们一家住在拖车改造的房子里，他的妻子收入也很低，他们的生活很艰苦。

一天，他们的孩子耳朵发炎，他只好把家里的电话撤掉，省下钱来为孩子买抗生素治疗。

虽然日子清贫，但这位工人有个远大的梦想，就是希望自己成为一名作家。于是他利用自己工作之外的时间不停地写作，家里要是省下点钱也被他拿来打印稿纸，用来付邮费，寄稿子给出版社。但是他的稿子一概都被退了回来，理由也很简单，小说结构很死板，没有新意。

一天，他读到一部小说，这部小说风格与自己以前写的一本小说风格很类似，兴许有希望。于是，他把自己的小说寄给了出那本小说的出版社，那家出版社把他的这本小说拿给了皮尔·汤姆森。

几个星期之后，这个工人收到了汤姆森的来信，信中大意是：这份原稿瑕疵太多，但是他觉得此书作者很有作家的天分，不要气馁，要坚持写下去。

在此后的两年内，他先后又写了两部小说，但都被出版社退回。他还是坚持，他开始写自己的第四部小说，不过由于生活的窘境，他开始怀疑自己的写作之路到底对不对。

一天夜里，他偷偷把自己的小说，扔进了垃圾桶。第二天，他的妻子又把它捡回来，对他说："你是很有天分的，不要因为别人不赏识你就中途退缩，尤其是你快要成功的时候。"

他听了妻子的话，最终坚持下来，因为他认为只要有人相信自己能行，那就要坚持下去，不管这个路有多难。

他写完自己的第四部小说，把它寄给了汤姆森，也对此没抱多大希望。

他成功了，汤姆森出版公司预付了2500美元给他。这部小说就是大名鼎鼎的史蒂芬·金的《嘉莉》。这部小说后来卖了500万册，并被拍摄成电影，成为1976年最卖座的电影之一。

斯蒂芬·金，在攀登了人生的第一座大山之后，一发不可收拾，先后出版了几十本恐怖小说，成了现今最为流行的恐怖小说家之一。

对于每个人，上帝给予我们一个生的机会，同时也赋予了我们同样的处事环境，但至于一个人到底有怎样的造化，这要看个人的努力。如果你的人生遇到了很多磨难，那是因为上帝想给你更辉煌的人生机遇。面对生活的困难，不要回避，勇于攀登，定会成功！

人生如同攀登高峰，在你奋力向上攀爬的时候，可能遇到狂风，也可能会有雪崩，但不要害怕，心中只要有勇敢的信念，就一定能到达顶峰，俯瞰芸芸众生。

工作中，我们也不可能总是阳光灿烂，必然会有乌云密布的恶劣天气，也会有崎岖泥泞的险路。这时候，你更需要坚定的信念。如果，你并不是池中之物，那你更应该懂得，能够在华山论剑的，一定是有着"天不怕，地不怕"信念的勇士。我们也要养成，在难题面前绝不退缩、在疲惫之时绝不懈怠、在闲暇时间绝不松弛的习惯，时刻准备着往自己的生命制高点进发，相信在不久的将来，一定会有拨开云雾见明月之时。

刀不磨要生锈，人不学要落后

一只蜜蜂要酿造一千克的栀子花蜂蜜，需要采集100万朵栀子花的花蜜，假若采蜜的花丛与蜂房之间的平均距离是1.5公里，它就得累计飞行45万公里，差不多等于地球赤道总长的11倍。这正体现了"勤奋"。

这只蜜蜂要酿造一千克的油菜花蜂蜜，也需要采集100万朵油菜花的花蜜，只是油菜花丛距离蜂房更远，已经越过小河的对岸去了，这只蜜蜂仍然像往常一样飞行1.5公里，在小河这边的枯萎的栀子花丛中寻找油菜花。结果这只蜜蜂没有完成采蜜任务，失望地错过了整个油菜花的采蜜季节。这样就不仅仅是"勤奋"二字能够解决问题了？

这只蜜蜂的错误有二：

其一，栀子花丛已经枯萎，已经不可能采到花蜜，采蜜光靠勤劳是不行的。

其二，这只蜜蜂的任务是采集油菜花花蜜，它没有探索新的路线，结果还是按照自己旧的思路去做，必定是要失败的。

正如一个人，虽然懂得勤奋对于一个人的成长的重要性，如果不时刻保持清醒的头脑，与时俱进，就不能掌握最新的科学技术，就会对周围环境反应迟钝，不能适应环境的变化，最后会被社会所淘汰。因此，我们不能放松自己，要时刻保持旺盛的学习劲头。

列夫·托尔斯泰说过:"要有生活的目标,一辈子的目标,一段时期的目标,一个阶段的目标,一年的目标,一个月的目标,一个星期的目标,一天的目标,一个小时的目标,一分钟的目标。"

总之,人生要有目标。我们在执行目标的时候,也不要一味固守先前的经验或已获得的知识,要按照时代或环境的需要,随时不断学习和实践,这样才能在完成自己目标的道路上,时刻保持与时俱进的头脑,才不事倍功半。

罗德岛围墙已经存在了一个多世纪了,这堵墙是由大理石一块一块砌成的,之所以有名,不仅在于它的坚固的外观,更在于它的艺术价值。一块块大理石在能工巧匠的手中,变成了精美的雕像,直到现在仍然令人惊叹。这堵墙是住在罗德岛的一个人耗费大量时间砌成的,挑选的每一块大理石都是经过考虑、研究,最后斟酌着把它们放在最佳的位置上。等到砌成后,他又对这堵墙进行不同角度观察分析,最终倾尽后半生才完成这项巨大的"作品"。

石墙完成之后,吸引了世界各地的人,前来一睹石墙的艺术魅力,他也很乐意为大家讲解每一块石头的来历,似乎这些石头每块都有它特有的生命力。

他用自己的双手,为自己赚来了很多的财富。他认为,以后他的孩子继承的不应该是这些财富,而是自己这种隐含在财富之中的技巧、洞察力和创新的思维。因为财富是可以用尽的,可是这种创造财富的精神是取之不竭的。

上面这位罗德岛的人,他在雕琢这些雕像的时候,要是仅仅关注每一块雕像的特点,没有在砌成石墙之后,再整体上把握每块石头在石墙中的合适位置,那也是不能有这么完美的作品问世的。因此,我们在做每件事情的时候,不能觉得一开始完美,就始终是完美的,我们要用发展的眼光看待周围的世界,要不断地学习。因为"刀不磨要生锈,人不学要落后"。

工作宜赶不宜急

工作是忙不完的,所以工作要"赶",但不要"急",应该忙中有序地赶工作,而不要紧张兮兮地抢时间。任何事积累到一定程度都会形成压力,心中背负着太多东西的人往往容易乱了分寸,无法静下心来理清思路,所以容易焦躁、抱怨,甚至愤怒。与其被忙不完的工作所驱使,不如在自己的能力范围之内,坦然面对,做得到的去做,做不到的不强求。

积极的职场人,总是能够将手头的工作分出轻重缓急,从而按部就班，有次序地一件一件解决，这样做，既可以保证工作速度，又能保持从容不迫的心情。

有一个农夫挑着一担橘子进城去卖。天色已晚，城门马上就要关了，而他还有二里地的路程。这时迎面走来一个僧人，他焦急地赶上前去问道："小和尚，请问前面城门关了吗？"

"还没有。"僧人看了看他担中满满的橘子，问道，"你赶路进城卖橘子吗？"

"是啊，不知道还来不来得及。"

僧人说："你如果慢慢地走，也许还来得及。"

农夫以为僧人故意和自己开玩笑，不满地嘀咕了两声，又匆忙上路了。他心中焦急，索性小跑起来，但还没跑出两步，脚下一滑，满筐橘子滚了一地。

僧人赶过来，一边帮他捡橘子，一边说："你看，不如脚步放稳一些吧。"

农夫急于求成，一味求快，结果却适得其反。工作亦是如此，积极与速度并非同义词，速度与效率也往往不成正比，与其在手忙脚乱中浪费时间，不如张弛有度，井然有序地设计好每一步要踏出的距离。

"涓流积至沧溟水，拳石垒成泰华岑。"这一出自宋代陆九渊《鹅湖和教授兄韵》的诗句劝喻人们：涓涓细流汇聚起来，就能形成苍茫大海；拳头大的石头垒砌起来，就能形成泰山和华山那样的巍巍高山。只要我们一步步勤勉努力地往前走，就能够到达梦想的彼岸。

有一个小和尚，在树林中坐禅时看到草丛中有一只蛹，蛹已经出现了一条裂痕，似乎就能看见正在其中挣扎的蝴蝶了。

小和尚静静地观察了很久，只见蝴蝶在蛹中拼命挣扎，却怎么也没有办法从里面挣脱出来，几个小时过去，小和尚依然坐在那里静静地看着。

这时候，护林人家的孩子跑了过来，看到地上挣扎的蛹，不由分说地捡起来将蛹上的裂痕撕得更大了，小和尚甚至来不及阻止。

小孩子数落着和尚："师父，你是出家人，怎么连点慈悲心也没有呢？"

小和尚无奈地叹了口气，说道："你为何这般性急呢？蝴蝶还没有着急，你为什么这么鲁莽地改变它的生命呢？"

果然，当蝴蝶出来之后，因为翅膀不够有力，变得很臃肿，飞不起来，只能在地上爬。

孩子本想帮蝴蝶的忙，结果反而害了蝴蝶，正是"欲速则不达"。由此不难看出，急于求成只会导致最终的失败。所以，我们不论在工作，还是在生活中，都不妨放远眼光，注重积累，厚积薄发，自然会水到渠成，实现自己的目标。

很多人在工作中都会像上文中那个孩子一样，急于求成，急于看到结果，恨不得揠苗助长，最后工作做得一塌糊涂。

现代人，并非高速运转的现代机器，莫不如以一种骑士精神尽展潇洒，纵横驰骋于纷乱的生活，却保持一种美丽的心情，采一柱大漠的孤烟映照黄昏的落日，捉一轮浑圆的清月放飞自由的心灵！

三分苦干，七分巧干

人们常说：一件事情需要三分的苦干加七分的巧干才能完美。意思是行事时要注重寻找解决问题的方法，用巧妙灵活的方法解决难题，胜于一味地蛮干。也就是说，"苦"的坚韧离不开"巧"的灵活。一个人做事，若只知下苦功，则易走入死胡同；若只知用巧，则难免缺乏"根基"，三分苦干加上七分巧干才能达到自己的目标。

王勉是一家医药公司的推销员。一次他坐飞机回家，竟遇到了意想不到的劫机。通过各界的努力，问题终于得以解决。就在要走出机舱的一瞬间，他突然想到：劫机这样的事件非常重大，应该有不少记者前来采访，为什么不好好利用这次机会宣传一下自己公司的形象呢？于是，他立即从箱子里找出一张大纸，在上面写了一行大字："我是××公司的××，我和公司的××牌医药品安然无恙，非常感谢救了我们的人！"他打着这样的牌子一出机舱，立即就被电视台的镜头捕捉到了。他成了这次劫机事件的明星，很多家新闻媒体都争相对他进行采访报道。

等他回到公司的时候，受到了公司隆重的欢迎。原来，他在机场别出心裁的举动，使得公司和产品的名字家喻户晓了。公司的电话都快打爆了，客户的订单更是一个接一个。董事长当场宣读了对他的任命书：主管营销和公关的副总经理。而且，公司还奖励了他一笔丰厚的奖金。

王勉的故事说明了一个非常深刻的道理，就是做任何事情都要将"苦"与"巧"结合起来。只有这样，才最容易找到走向成功的捷径。

陈良出生在一个穷困的山村，从小家里就很困难。17岁那年，他独自一人带着8个窝窝头，骑着一辆破自行车，从小山村到离家100公里外的城里去谋生。他好不容易在建筑工地上找到了一份打杂的活儿。一天的工钱是2元钱，这对他而言只够吃饭，但他想尽法每天省下1元钱接济家人。尽管生活十分艰难，但他还是不断地鼓励自己会有出人头地的一天。为此，他付出了比别人更多的努力。2个月后，他被提升为材料员，每天的工资加了1元钱。

靠着自己的不懈努力，他逐步站稳了脚跟。他认为，要想更多地得到大家的认可，不能只靠苦干默默地付出，而要靠巧干努力地寻找办法，以尽快地得到提升。那么，怎样才能做到这点呢？冥思苦想之后，他终于想到了一个点子：工地的生活十分枯燥，他想，能不能让大家的业余生活过得丰富一点呢？想到这点，他拿出自己省下来的一点钱，买了《三国演义》《水浒传》等名著，认真阅读后，讲给大家听。这一来，晚饭后的时间，总是大家最开心的时间。每天，工地上都洋溢着工友们欢心的笑声。

一天，老板来工地检查工作，发现他有非常好的口才，于是决定将他提升为公关业务员。

一个小点子付诸实践后就能有这样的效果，他备受鼓舞。于是，他便将主动找方法的特长，运用到工作的各个方面。

对工地上的所有问题，他都抱着一种主人公的心态去处理。夜班工友有随地小便的习惯，怎么说都没有用，他便想尽各种方法让大家文明上厕；一个工友性格暴躁，喝酒后要与承包方拼命，他想办法平息矛盾，做到使各方都满意……

别看这些都是小事，但领导都看在眼里。慢慢地，他成了领导的左膀右臂。

由于他经常主动找方法，终于等来了一个创业的良机。有一天，工地领导告诉他，公司本来承包了一个工程，由于各种原因，难度太大，决定放弃。

作为一个凡事都爱"三分苦干，七分巧干"的人，他力劝领导别放弃。领导看他充满热情，突然说了一句话："这个项目我没有把握做好。如果你看得准，由你牵头来做，我可以为你提供帮助。"

他几乎不敢相信自己的耳朵：这不是给自己提供了一个可以自行创业的绝好机会吗？他毫不犹豫地接下了这个项目，然后信心百倍地干了起来。不久，他便成立了自己的建筑公司，并且事业做得越来越大。

世上没有什么事是只凭蛮劲就能成功的，要加入自己的聪明才智，这样才能取得自己想要的结果。工作之中也是同样的道理，要想使自己的工作得到同事的赞赏、领导的表扬，就要多用智慧。

不怕百事不利，就怕灰心丧气

人的一生会经历很多的挫折，每个人都会遇到这样或者那样的困难。当我们遇到挫折时，我们不应该感到灰心丧气，知难而退；而是应该积极面对挫折，努力去战胜挫折，从而让成功降临。

每个人的一生或多或少或大或小的都会遇到磨难和坎坷，而每一个人面对这些磨难和坎坷时都会有不同的态度，有的人百折不挠，一往无前，有的人则犹豫不前甚至退避三舍。不同的人生态度则会导致不同的人生道路，甚至于会塑造完全不同的个人命运。

"我的人生中只有两条路，要么赶紧死，要么精彩地活着。"

这是无臂钢琴师刘伟的励志名言。刘伟10岁的时候，他因一场事故而被截去双臂。在他12岁的那年，他在康复医院的水疗池里学会了游泳，2年后，刘伟在全国残疾人游泳锦标赛上夺得了两枚金牌；16岁他学会了打字；19岁学习了钢琴，一年后就达到了相当于用手弹钢琴的专业七级水平；22岁时，他勇敢地挑战了吉尼斯世界纪录，一分钟打出了233个字母，成为世界上用脚打字最快的人；23岁时他登上了维也纳金色大厅的舞台，让全世界都见证了中国男孩的奇迹。当袖管两空的刘伟走上舞台时，所有人都知道他要表演什么，但是没人能想象他究竟要怎样用双脚弹奏钢琴。当他坐到特制的琴凳上之后，优美的旋律就从他的脚下流了出来，他的十个脚趾在琴键上灵活地跳跃着，顿时，全场一片安静，每个人都在用心聆听这用毅力演奏的天籁之音。当刘伟表演结束之后，所有观众都起身为他鼓掌。刘伟的身后，站立着他的伟大的母亲。一个普普通通的家庭妇女，识字不多，但是懂得一个最基本的道理：这个世界没有什么可以依赖，除了人自己。刘伟没有让母亲失望。

令人欣慰的是，刘伟的自述《活着已值得庆祝》已经出版。而根据他的真实故事创作、由他和倪萍等主演的电影《最长的拥抱》已经杀青，倪萍说："我要买十本送给那些有胳膊的人看。"

感动中国推选委员易中天这样评价刘伟："无臂钢琴师刘伟告诉我们，音乐首先是用心灵来演奏的。有美丽的心灵，就有美丽的世界。"

推选委员陆小华是这样说刘伟的:"脚下风景无限,心中音乐如梦。刘伟,用事实告诉人们,努力就有可能。今天的中国,还有什么励志故事能赶上刘伟的钢琴声。"

而感动中国组委会授予刘伟的颁奖辞是这样说的:"当命运的绳索无情地缚住双臂,当别人的目光叹息生命的悲哀,他依然固执地为梦想插上翅膀,用双脚在琴键上写下:相信自己。那变幻的旋律,正是他努力飞翔的轨迹。"

刘伟面对生命中的挫折,面对人生中的严酷考验,面对没有双臂的缺憾,他没有选择低头,没有惧怕挫折,没有退缩。相反地,他勇敢地面对上天带给他的不公,他勇敢地回击了命运对他的折磨考验。面对人生的痛苦,他没有灰心丧气,他用自己的坚毅诠释了生命的重量。

一个人不怕起点低,不怕遭遇失败,就怕消极,怕灰心丧气。一个人千万不能被困难和挫折吓倒,相反地,要鼓励自己去奋斗,要用实际行动来改变别人的看法。万事不利,不应该成为甘心平庸的托词,相反,应以此激励自己加倍地努力,奋发向上,活出一个人样来。能改变自己人生的只有自己,而不是

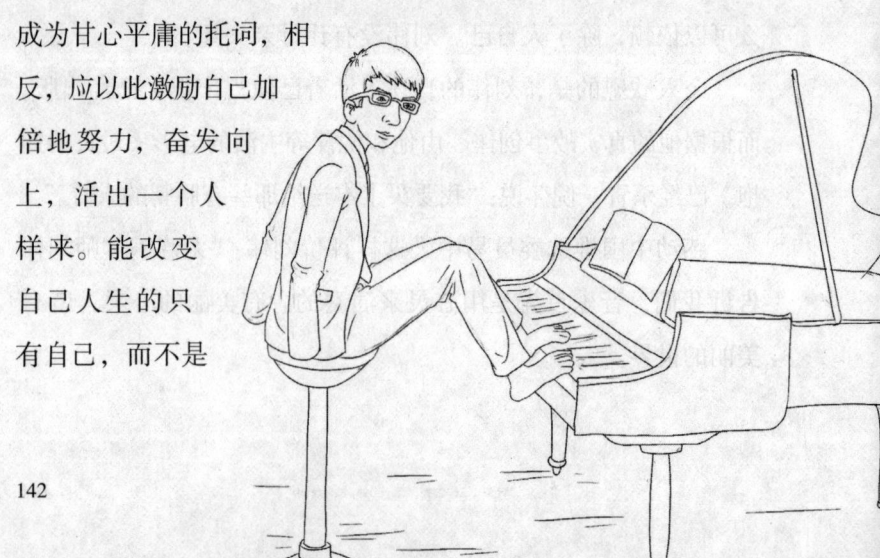

别人。无论处于何种生活境地,假如自己乐观开朗,积极上进,努力学习和工作,那么人生会变得五彩缤纷、绚丽多彩;假如自己悲观消极,失望落后,无所事事,不肯好好去学习和工作,那么人生会变得漆黑一片,苦不堪言。每个人都不要让自己生活在黑暗当中,而应该生活在阳光之下。

发明大王爱迪生出生于一个普普通通的劳动人民家庭,虽然他只读了3个月的书,但是他却非常喜欢发明。有一次,爱迪生在火车上做实验。因为他不小心,很多的化学物品都倒在了地上,化学物品在遇到了空气后导致了火车起火。因此,火车司机给了他一个重重的耳光,把他的耳朵打聋了,并且把他的化学物品全部扔了。但他并没有因为这样而放弃发明,经过许许多多的失败,经历多次的困难,终于成为一名发明大王。其中,爱迪生光发明电灯就经历了多达1600次的失败后才最终成功。

他从白炽灯开始着手试验。他把一小截耐热的东西装在玻璃泡里,当电流把它烧到白热化的程度时,便由热而发光。他首先想到碳,于是就把一小截碳丝装进玻璃泡里,可刚一通电马上就断裂了。

经过思考,爱迪生又想到用白金进行试验。紧接着,爱迪生和他的助手们用白金试了好几次,可这种熔点较高的白金,虽然使电灯发光时间延长了许多,但不时要自动熄掉再自动发光,仍然很不理想。

爱迪生并没气馁,继续自己的试验工作。他先后试用了钡、钛、铟等稀有金属，效果都不是很理想。接下来，他与助手们将这 1600 种耐热材料分门别类地开始试验，还是采用白金最为合适。由于改进了抽气方法，使玻璃泡内真空。灯的寿命已延长到 2 个小时。但这种由白金为材料做成的灯，价格太昂贵了，谁愿意花这么多钱去买只能用 2 个小时的电灯呢？

爱迪生看到用棉纱织成的围脖，爱迪生脑海突然萌发了一个念头：棉纱的纤维比木材的好，能不能用这种材料？

他急忙从围巾上扯下一根棉纱，小心地把这根棉纱装进玻璃泡里，效果果然很好。爱迪生非常高兴，制造了很多棉纱做成的灯丝，进行多次试验。灯泡的寿命延长到 13 个小时，后来又达到 45 小时。

但是爱迪生仍旧没有满足，他的目标是希望亮 1000 个小时，最好是能够亮 16000 个小时，于是爱迪生不停地试验，终于让电灯亮的时间更长了。

就像爱迪生一样，做事一定要勇往直前，不怕艰苦，不怕困难，不管经历了多少次失败，都不放弃，最后你才能获得成功，并从中获得经验。在遇到困难的事情时，才能完成得更好、更出色。

"不怕百事不利，就怕灰心丧气"，各种挫折不可怕，可怕的是一颗屈服的心。面对各种困难时不要丧气，勇敢地去面对，你会发现只要有毅力不灰心丧气，困难最终会被踩在脚下。

第八章

行思之道：
休将我语同他语，
未必他心似我心
——思而不行则无用，行而不思则无功

老马识途

有一只蝌蚪从卵泡里出来的时候，遇到的第一个动物就是一只小乌龟，它看到小乌龟背着重重的壳，移动着四肢，很悠闲的样子。小蝌蚪就想我也应该像它一样吧，于是也找了一个空壳背在身上，为此小蝌蚪受了很多苦。直到有一天，它遇到了一只青蛙，青蛙告诉它，不需要背着沉重的壳，我们只需要两腿一蹬，生活就很快乐。

原来摆脱沉重的负担很简单，只要向有智慧的人请教，可能就会绝路变通途。我们在工作中，也可能遇到类似的问题。一份工作，我们可能接触过这方面的知识，或有了这方面的经验，会做得游刃有余。但是，我们不可能什么工作都能有十足的把握，那么遇到不会处理的问题，我们就需要向有经验的人请教。要知道"老马通路数，老人通世事"，向有经验的人请教会节省很多宝贵的时间，来做其他一些有意义的事。千万不要骄傲自满，看不到别人的长处，这是最不可取的，因为这样阻碍自己的进步。

在任何一家公司都会有优秀的人和散漫的人，而在我们的周围，有的同事很优秀，有的同事很懒散，整体环境我们是没有办法改变的，但是我们可以改变我们跟谁接触，俗话说"物以类聚""近朱者赤"，优秀的人身边总是聚集一帮优秀的人，而当我们跟着优秀的人的时候，我们会受到这些人的熏陶和影响，在对事对人的态度上会变得更加积极。

对于工作时间较短的新人而言，很容易受到别人的影响。他人的一言一行不管是好的还是不好的，很易侵入新人的脑子里。有一位刚从学校出来的新人，做事情还是蛮积极的，也有上进心，但在进一家公司没多久就被一位同事拉去打老虎机，结果天天沉迷在老虎机的赌博中。过了半年他说要戒了，结果还是没戒成，打了近两年的老虎机，工资也耗掉了，精力也耗完了，啥事都没干成。后来一位打拼了多年的领导，看这个新员工起初来公司时的表现还不错，便决定改造他。好在这位年轻人愿意学习，喜欢向这位老领导虚心求教，最终成了该公司的精英。

这个故事告诉我们，我们在人生道路上遇到难题或者人生道路发生了偏差的时候，应该向有经验的人学习，而不是肆意放纵，我行我素。遇到"瓶颈"、困难，要及时学习，及时改变，以正确的方法向正确的方向迈进，一切问题自然能够迎刃而解。

在一个研究所里有这么一位年轻人，他从小天资聪慧，学业上一路走来，也没遇到什么挫折，一路就升到了现在的博士学位。但是他还是觉得不满意，想申请国外名牌大学的博士后，于是就努力学习自己的专业文化知识，学习一段时间之后，他发现好多数学公式，自己没法推导出结果，心里很是郁闷，经过几个通宵埋头钻研，还是不行，于是就打算放弃。

一次，在研究室里，无意中跟一个硕士师弟谈话，了解到他原来一直就在研究这个领域。于是就虚心向师弟请教，结果很快师弟就一一给了他满意的解答。

其实，事情就是这样，不要以为自己学的比别人多，地位比别人高，就认为本领比别人强。事情也不尽然，只要是能给你人生做出正确指导的人，都是值得我们学习的人，都是我们的良师益友。

在我们的工作中，也常常遇到这样的人。自认为才华横溢，学问满腹，觉得自己比人高一等。在工作中遇到难题，就主观妄断地认为："我这么厉害，这么有经验都不能解决的问题，他们怎么可能解决？"我们一定要放下这种不良的心态，孔子说："三人行，必有我师焉！"连圣人都以为自己的学问不够，有些问题还需要向他人学习，何况我们这些凡人呢？放下自己的架子，多多与别人沟通，多多向别人请教，这才是做事的成功之道。

你要是明白了"老马通路数,老人通世事"这个道理,同时还能影响你周围人的工作态度,使他们摆正自己的心态,那么你已经具备了一个成功人士的潜质,成功离你已经不远了。

伤人之言,深于矛戟

老人言:"与人善言,暖于布帛;伤人之言,深于矛戟。"意义是说:出自好心的话,会令人感觉比布帛还要温暖;伤人的话,比用矛伤人还要厉害。我们在与别人相处的过程中,一定要注意自己的言行,不要戳到别人的痛处。说话避开别人的伤心处,不仅是技巧,也是一种修养。

杰克是一个坏脾气的孩子,他父亲给了他一袋钉子。告诉他,每当他发脾气的时候,就自觉地钉一个钉子在后院的围栏上。

第一天,杰克就钉下了37根钉子。慢慢地,每天钉在围栏上钉子的数量减少了,因为他发现控制自己的脾气比钉那些钉子容易得多。

终于有一天,杰克再也不会失去耐性,乱发脾气。他把这件事告诉了父亲。父亲说,从现在开始,每当他可以控制自己脾气的时候,就拔出一根钉子。一段时间之后,杰克告诉父亲,他终于把所有钉子给拔了出来。

父亲很高兴,拉着杰克的手,来到后院说:"你做得很好,我的孩子，但是你看看围栏上那些被钉子戳的洞，又深又丑陋。这些围栏将永远不能回复到从前的样子了。这就如你生气的时候说的话，就像钉子一样会在别人的心里留下疤痕。如果你拿刀子捅了别人一刀，不管你说多少次对不起，那个伤口将永远留在身上。话语的伤痛，有时候比真实的伤痛更令人无法承受。因为身体的疼痛只存在一段时间，那么言语的伤痛可能是一辈子。"

人与人之间可能会造成一些不必要的伤痛，有可能是无意识中的一句话，有可能是一时冲动，但造成的伤害，可能很久都会记在心里。如果我们从自己做起，试着宽恕和原谅他人的过错，不要说一些过激的言语，别人也会同样如此待你。世界是公平的，你为别人开了一扇窗的同时，别人也会为你开另一扇窗，这样我们就可以看到更广阔的世界。

很多年前，有位老人还是一个正当壮年的年轻人。他像那个年代的农民一样，祖祖辈辈生活在山脚下的村子里，靠山吃山，靠水吃水。但是他也继承了农村的一些相对保守的思想。没办法，他一辈子没出过大山，不知外面的世界怎样，只能遵守父辈们传承下来的一些东西，他以为这就是绝对的真理。

他们村里有一位去山外学过艺的医生。这个医生为人很好，待人接物总是客客气气，好像从来没有烦恼似的。村里人生病了，没钱给，他也总是不计较了。为此村里人都很敬重他。

那时候,老人最小的儿子在半夜突然发起了高烧,哭闹得厉害。他心里很着急,于是,就半夜去敲医生的门。但是很久之后,他听见医生的老婆喊:"医生没在家,去镇上进药品去了,没回来。"

没办法,他只好回家了。眼看着儿子脸蛋烧得红彤彤的,嘴唇干裂,心里很是难受,好不容易熬到天亮,就去医生家里,看看回来了没。到了之后发现医生正在吃饭,他顿时火冒三丈,说:"我的儿子烧得那么厉害,就等着你回来救命呢,你反倒吃起饭来了?真是事不关己不着急啊!"

医生听完这话,愣了一下,也没说什么,放下碗筷,背起药箱,就跟着他来到了他家里。医生给孩子打完针,烧很快就退了,还嘱咐几句,不要吃生冷的东西、多穿衣服等,就回去了。

后来,他才知道,是医生的老婆没有告诉医生孩子生病的事,以为吃完饭去也不晚,结果造成这个误会。从此之后,他每次见了医生都很尴尬,但是也没那个脸前去道歉。关系就这么一直尴尬地悬着,医生还和没事人一样照样和和气气的,但是他的心里可是愧疚死了。

没几年,医生的

老婆得了癌症，不治而亡，医生从那以后，就很消沉。过了几个月之后，医生全家搬到山外大城市的大女儿家去了。

老人从医生搬走，就一直想："医生要是回来探亲，我一定向他道歉。"可是等到现在，他也没回来……这已经成了老人一生的痛，他当时用言语戳伤了别人，到头来伤得最深的却是自己。

我们在工作中，一定要养成宽以待人的好习惯，不说伤害别人的话，不随意嘲笑不如自己的人，要多一些耐心和和气。

一个篱笆三个桩，一个好汉三个帮

俗话说："一个篱笆三个桩，一个好汉三个帮。"还有句古话说得好："三个臭皮匠，胜过一个诸葛亮。"个体不同，就各有各的优势和长处，所以一定要善于发现别人的优势和长处，取之所长，补己之短。

一个人不能单凭自己的力量完成所有的任务，战胜所有的困难，解决所有的问题。须知借人之力也可成事，善于借助他人的力量，既是一种技巧，也是一种智慧。

很多事情就是这样的，当我们无力去完成一件事时，不妨向身边的人求助，也许对我们来说费力的事情，对他们来说却可能不费吹灰之力就能轻松搞定。与其自己苦苦追寻而不得，不如将视线一转，求助于那些有能力解决问题的人。

所谓孤掌难鸣，独木不成桥，这个世界上没有完美的人，你不完美，他不完美，但如果你们可以完美地结合在一起，就能取得意想不到的成功。

我们时常看到有些没有血缘关系的人，结成亲兄弟般的友谊，互相帮助、互相提携。

一个人，无论在工作、事业等方面，都离不开这种人与人之间的互帮互助。因为各人的能力有限，人际关系有所不同，而必须相互帮助。借他人之力，正是一个人高明的地方。

善于借助别人的力量和智慧，广泛地接受他人的意见，多和不同的人聊聊自己的构想，多倾听别人的想法，多用点脑子来观察周遭的事物，多静下心来思考周遭的一些现象，将让你受益匪浅。

忍一时风平浪静

中国传统理念所强调的"忍"，是针对人的品性修养而言的。因为人活在世上，难免会遇到各种问题。如果我们能很好地控制自己，那么就会少一些麻烦，多一些包容。"猝然临之而不惊，无故加之而不怒"，这就是问题出现时，人应该具备的个人修养。

欧玛尔是英国历史上著名的剑手。在他的 30 年职业生涯中，有一个与他势均力敌的强劲对手，两个人决斗了这么多年也不分胜负。

在一次决斗中，对手从马上摔了下来，欧玛尔持剑跳到他的身上，按照剑术规则，一秒钟就可以刺死他。

但是正在欧玛尔犹豫的时候，对手却往他脸上吐了一口唾沫，按照常理，一般人都不会再犹豫，直接结果了他。欧玛尔此时，却做了一个惊人的举动，停住了，说："你今天处在劣势，我们明天再斗。"

欧玛尔后来对那个对手说："30年来，我一直在克制自己，修身养性，让自己不带一点怒气作战，所以，我才能常胜不败。你吐口水的瞬间，我动了怒气，但我多年的修养，使我克制住了。如果在那时杀了你，我就失去了一个好的对手，成功对我还有什么乐趣？"

对手很感动，从此甘拜下风，做了欧玛尔的学生。

苏洵在《心术》中说："一忍可以支百勇，一静可以制百动。"由此可见，能够自我克制的人才能真正把握好自己的生活。志之难也，不在胜人，在自胜。战胜自己是不容易做到的事，而一旦做到了，就意味着掌控了自己的人生航行。如果达到这个境界，世上没有难事我们不能解决。

能做大事者，一般不拘小节。有可能他人欺负到自己的头上，还要笑脸相迎。忍者无敌，那些在历史上有所作为的人，绝不会做因小失大、得不偿失的事。

韩信是汉朝初期的一员大将，很小的时候就失去了父母，主要靠钓鱼换钱维持生计，因此也经常受到周围人的歧视和冷遇。有一次，一群街头恶霸当众羞辱韩信，其中有个屠夫说：

"你虽然长得又高又大,也喜欢佩剑到处招摇,但其实你胆子很小。有本事的话,你敢用你的佩剑来刺我吗?如果不敢,就从我的裤裆底下钻过去。"韩信自知势单力孤,硬拼很可能会吃亏。于是,当着众人的面,从屠夫的裤裆下钻了过去,这事一直被许多人所耻笑。不过后来韩信跟刘邦成了一番大事业,史书上将这段故事称为"胯下之辱"。

有人分析说,韩信若想保住自己的人格尊严不受胯下之辱,有三条出路可供选择:一是拔剑拼杀,可能因此惹上官司;二是装作若无其事,可能被毒打一顿;三是夺路而逃,但对方不会善罢甘休。这样看来,只有忍辱负重,才是相安无事之道。

常言道:"忍一时风平浪静,退一步海阔天空。"韩信只是不与胸无大志的人一般见识罢了。心怀大志的人,都善于冷静地处理问题,能够权衡轻重,以最小的代价换取最大的利益。

在工作中,我们要克制自己,凡事先"忍"之后,再仔细谋略,而后行动。这样我们做事才能想得更全面周到,从而把不好的影响降到最低。

试想,我们工作不就是为了能有更好的生活。美好生活的前提就是有一份自己喜欢的工作或事业,能实现自己的人生价值。这些达到了就够了,至于那些烦恼的事情,都是其中的一些小插曲,我们完全没必要计较太多。

无声胜有声

如果想成为一个讨人喜欢和成功的人,应该学会在说话之前先倾听别人的意见。

有一位美国管理学专家说过,高效经理人的秘诀之一,就是先倾听别人的意见。这一方面体现了对别人的尊重。作为下属,如果他的老板能够专心倾听他说话,他会感到幸福。作为合作伙伴,如果对方给他首先说话的机会,他会对其马上产生好感。另一方面,只有听了别人的意见,才能够知道他心里想的是什么,也就能相应地做出反应,有利于决策的优化。而如果不愿意倾听别人的话,则会让人非常不快,弄不好还会带来麻烦。

在商场上应该遵循先倾听别人说话的原则,在日常生活中也是一样。人们都喜欢别人认真倾听自己的话,然后根据听到的来表达自己的意见。是否在说话之前先倾听,对于人际关系的影响是非常大的。

格林先生从商店买了一套衣服,很快他就失望了,因为衣服掉色,把他的衬衣领子染成了黄色。他拿着这件衣服来到商店,找到卖这件衣服的售货员,说了事情的经过,可他在失望之上又加了一层愤怒。售货员根本不听他的陈述,只顾自己发表意见。

"我们卖了几千套这样的衣服,"售货员申明说,"从来没有出过问题,您是第一位,您想要干什么?"她的语调似乎表明:你是在撒谎,你想诬赖我们。

他们吵得正凶的时候,另一个售货员走了过来,说:"所有深色礼服开始穿的时候都多多少少有掉色的问题,这一点办法都没有。特别是这种价钱的衣服。"

"我气得差点跳起来,"格林先生后来回忆这件事的时候说,"第一个售货员怀疑我是否诚实,第二个售货员说我买的是便宜货,这能不让人生气吗?最气人的还是他们根本不愿意听我说,动不动就打断我的话。我不是去无理取闹的,只是想了解一下怎么回事,她们却以为是上门找碴儿的。我准备对他们说:你们把这件衣服收下,随便扔到什么地方,见鬼去吧。"这时,商店的负责人沃特女士过来了。

首先,沃特女士一句话没讲,听格林先生把话讲完,了解了衣服的问题和他的态度。这样,她就对格林先生的诉求做到了心中有数。然后,她对格林先生道了歉,说这样的衣服有些特性没有及时告诉顾客,请求他把这件衣服再穿一个星期,如果还掉色,她负责退货。当然,对被染色过的衬衣,她送给了格林先生一件新的。

艾萨克·马科森大概是世界上采访著名人物最多的人之一。他说,许多人没能给别人留下好印象,是由于他们不了解别人的意见,只是自顾自地发表意见。"他们如此津津有味地讲着,完全不听别人对他讲些什么。许多知名人士对我讲,他们重视首先听别人意见的人，而不重视只管说的人。然而，看来人们听的能力弱于说的能力。"

每个人都有很强烈的表达欲，但是要想让别人对自己更有好感，同时让自己的表达更有针对性更能被别人接受，一定要暂时压抑这种表现欲，听听别人是怎么想的。

三思而后行

人生就像一盘棋，一着不慎，满盘皆输。棋局可以重新来过，人生却没有再来一次的机会。请重视你自己的每一个决定，要用心地再三思考，不要因为草率行事而滑入命运的深渊。

一个人无论做什么事都需要"三思而后行"，否则就会出现不堪设想的后果。与其为了日后的不如意而痛悔，何不在行事前谨慎、再谨慎一些？

赵兵大学毕业后不久便顺利地找到了一份比较理想的工作。公司负责人口头承诺为他报销出租车发票，赵兵抓住这个"难得的"机会，能"打的"就"打的"，半年下来，居然累积了数额达几千元的出租车发票。他将发票拿到财务科报销，却被告知公司有报销额度限制，而且新员工不享受这项待遇。赵兵勃然大怒，认为公司领导言而无信，他连招呼也不打，就愤怒地离开了公司。

令赵兵万万没有想到的是，这一时的"潇洒"让他付出了惨痛的代价。他满以为能很快再找到一份新工作，事情却没有他想象得这么顺利。相对应届大学毕业生，许多工作单位更青睐具有工作经验的"老手"，而赵兵那段不太光彩的辞职经历也成了他的"致命伤"，每当一些单位问他为什么这么快就辞职，他都不知道如何回答。在经历多次求职失败后，他自嘲已成为职场上的"弃儿"，至今也没有找到合适的工作。为什么当初不先考虑周全再做决定呢？他常常这么问自己。

赵兵之所以会有这样的遭遇，是因为他还缺乏容纳社会、完善自我的心态，盲目贪图"便宜"，出了问题就一走了之，根本不去思考这样会给自己带来什么样的后果。这是一种缺乏经验和历练的典型表现，是一种不成熟的处世作风。

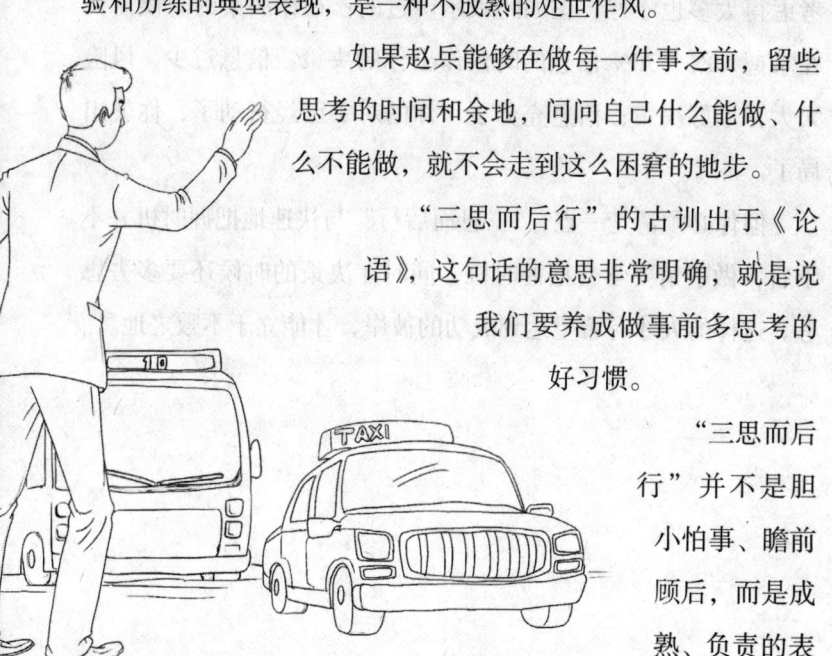

如果赵兵能够在做每一件事之前，留些思考的时间和余地，问问自己什么能做、什么不能做，就不会走到这困窘的地步。

"三思而后行"的古训出于《论语》，这句话的意思非常明确，就是说我们要养成做事前多思考的好习惯。

"三思而后行"并不是胆小怕事、瞻前顾后，而是成熟、负责的表现。做事比较冲动的人，往往凭第一感觉，凭一时的冲动，结果有很多时候考虑问题不是很周全。比如有的事，是自己找当事人去说，还是让领导出面去说，效果就大不同。

因此，决定做一件事的时候，特别是面临重大问题时，必须要进行全方位的考虑，拿不准的时候多听听他人的意见。

在行动之前，必须用心去观察和思考，找准自己的方向。否则，盲目行事，见到利益就上，只会因小失大。

"三思而后行"对问题的解决有很大的帮助。但是在这个快速多变的社会中，稍一犹豫，机会便会瞬间错失。有的时候考虑得太多也不好。正如鲍威尔讲过的：在作决策的时候需要在掌握40%—70%信息的时候作出你的决策。信息过少，风险太大，不好决策；信息充分了，你的对手已经行动了，你就出局了。

但你必须清楚一点，"三思而后行"与快速地把握时机并不矛盾，做事情要学会把握时机，同时在决策的时候还要多去思考。这样的人才有希望达到成功的彼岸，才能立于不败之地。

第九章

放下得失……
智者千虑必有一失，
愚者千虑必有一得

——锁住目标，有的放矢

疑人莫用，用人莫疑

中国有句颇为人称道的关于用人的老话，叫作："疑人不用，用人不疑。"这句话里面的"疑"字的意思就是对所要使用之人不确定，不相信或者是有疑心。大概意思就是：感觉靠不住、没把握、不放心或者认为有问题而信不过的人不能任用；而对人才一旦使用，对被启用的人，则需要给予充分的信任，大胆使用，令其能放开手脚，不必怀疑他会干坏事、错事。这句话，作为传统的用人观被长期推广。在今天看来，在企业管理中或者在项目合作中仍然有其积极意义。

美国通用电气公司前 CEO 杰克·韦尔奇对公司管理的最高原则就是："管理得少"就是"管理得好"。这是管理的辩证法，也是管理的一种最理想境界，就是对自己的员工充分放权，给予他们最大的信任和支持，做到最大限度的"用人不疑"。中国有句古话说："士为知己者死，"只有对人充分的信任，其才会为报知遇之恩而竭尽全力。

用人不疑是作为管理者用人的一个非常重要的标准。领导者若是想在自己的事业上大展宏图，若想不断壮大发展自己的事业，就必须要学会用人。因为事业越来越大，不可能每件事情都事必躬亲，所以必须用人不疑。领导者不可能样样事情都要过问，这时候，他需要委托自己信得过的人来协助他去办理事情,而"用人不疑,疑人不用"就显得十分必要。

这点也是商人胡雪岩用人的一个重要原则。

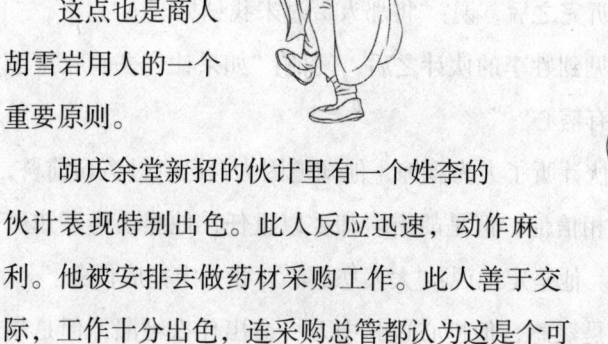

胡庆余堂新招的伙计里有一个姓李的伙计表现特别出色。此人反应迅速,动作麻利。他被安排去做药材采购工作。此人善于交际,工作十分出色,连采购总管都认为这是个可以栽培的好苗子。

但是过了段时间,店铺里开始流传这样一条消息。原来前几年这个姓李的伙计因为盗窃在大牢里待过一段时间。这个消息一传出,姓李的伙计的身价一下子大跌。总管也好像不那么器重他了,一些重要的药材根本不让他插手。伙计们也都用另一种眼光看他,这个伙计非常苦恼。

随后,胡庆余堂急需一笔重要的药材,需要派人将货款亲自送到商家手里,并且当场一手交钱、一手交货。恰巧这个时候,采购总管身体不适,根本无法支撑这样远的路程。店铺掌柜就发愁了,不知道派谁去好。派去的人首先要懂得如何辨别药材,还要善于和商家讨价还价。所以此任务十分艰巨。

第九章 放下得失:智者千虑必有一失,愚者千虑必有一得　　163

胡雪岩知道了此事,问及那个伙计的情况,掌柜说姓李的伙计表现比较突出,他的业务水平是可以肯定的。但是考虑到其有过前科,所以掌柜就将他排除了。

胡雪岩听完之后,说:"将那人带过来我见见。"

胡雪岩见到姓李的伙计之后,问他:"如果让你去验收这笔药材,你可有信心?"

姓李的伙计听了大为震惊,他知道因为自己有过盗窃前科,谁都不愿意相信他,但是胡雪岩却委以重任,他感动得不知道该说什么好。他坚定地说:"大人您放心,我一定完成任务。"

掌柜很是疑惑,他担心这其中万一会出什么纰漏,但是胡雪岩说:"用人不疑,疑人不用,既然他都进了胡庆余堂,那就没什么好担心的。该用就要大胆地用。此人也是一个人才。"

果然,姓李的伙计不但顺利地完成任务,还以比之前低很多的药价将药材顺利运回来。这样一来,再没有人怀疑姓李的伙计的能力和人品,他很快成为采购方面的优秀人员。

胡雪岩信任伙计的故事和三国时期刘备托孤的故事如出一辙。永安宫里,刘备临终前躺在病榻上安排着自己的后事。他对诸葛亮说:"你的才能是曹操的十倍,我相信你一定可以平定魏国,最终成就一番大事业。如果我的儿子刘禅有当皇帝的能力,可以治理国家,你可以辅佐他。如果刘禅没有这方面的才能,你就自己取了这个皇位,治理这个国家。"人们都说"人之将死,其言也善",刘备这一段托孤的话包含了一份怎样的信任？举国托孤于诸葛亮，在那样一个乱世中，又有几人可以做到如此的"用人不疑"呢？面对这份"用人不疑"，诸葛亮也不曾辜负刘备，以"鞠躬尽瘁、死而后已"来报答刘备对自己的信任。试想如若不是刘备托孤于诸葛亮，刘阿斗在那个尔虞我诈、战火纷飞的乱世中恐怕早就"乐不思蜀"了。

同样是三国中人物，曹操则生性多疑、奸诈，故人们称他为"奸雄"。比如误杀他父亲的老友吕伯奢全家老少八口，再如"梦杀"侍从。但生性多疑的曹操称得上是一个非常会用人的好老板，他十分清楚"争天下必先争人"，也懂得"疑人不用，用人不疑"的道理。官渡之战当许攸反水投靠曹操时，曹操军粮已不足了，早已心生退意。许攸献计火烧乌巢，曹操相信了这个刚从敌营投靠过来的谋士，而许攸回报他的信任的便是这场战争的胜利。这也成了以少胜多的战争典范。

曹操对待降将和投降的文人策士的态度更加表现出了他的"疑人不用，用人不疑"的态度。曹操最初起家靠的是父老乡亲，比如夏侯惇、夏侯渊、曹仁、曹洪，当然还有早期的乐进、李典。但是后期曹氏集团中的中坚力量绝大部分是投降过来的降将。比如张辽，原来是吕布的人；徐晃，原来是杨奉的人；臧霸本是陶谦的旧将，后降吕布，投降曹操后，官渡之战时曹操居然把青、徐二州交给他，如此大任交给一个名不见经传的降将，体现了曹操用人之大胆；张绣，是杀害曹操长子曹昂、爱将典韦的敌人，投降过来后一样得到重用，而出此计杀人的贾诩最后居然做到了尚书令。曹操手下两大最为杰出的天才谋士荀彧、郭嘉，原来是侍奉袁绍的。到了曹操这里后，曹操每每对他们的智慧赞叹不已，从来不怀疑他们还念旧主之情出坏主意害自己，要知道荀彧可是受到袁绍的非凡礼遇和重用的。郭嘉也是看到袁绍昏庸而弃袁投曹的，甚至事后还做出了著名的"十胜十败论"来比较袁和曹，郭嘉对袁和曹二人的比较可谓入木三分。郭嘉每出奇计，曹操都依计而行。

从上述例子中可以看出，只有摘掉有色眼镜，心平气和地任用人才，疑人不用，用人不疑，才能出现人尽其才、才尽其用的局面，事业也就能不断地展现新局面。在现实的环境中，只有这样才是对人才利用的最大化，是人尽其用的人才观。

吃一堑，长一智

像足球赛，即使最强的球队也有失手的时候，即使最差的球队也有扬眉吐气的一天。

人的一生就是这样，充满着成功与失败、顺境和逆境、幸福与不幸。挫折是一个人迈向成功需要面对的一个基本课题。

俗话说："吃一堑，长一智。"一面回视过去，吸取教训；一面展望未来，充满希望。勇敢面对挫折，在挫折中增长人生智慧。绝处尚有逢生的机会，风雨过后就是灿烂的彩虹。没有迈不过去的坎儿，只有过不去的人。在哪里跌倒就应该在哪里站起来。

在美国，有一个渔夫的儿子，叫作麦西，15岁出海跑船，后来厌倦了海上的生活，带着500美元的积蓄，独自来到波士顿，开了一家买针线和纽扣的小店。由于这些东西利润薄、销量也小，小店没开多久就被迫关门。等把货物全部顶出去，本钱也损失了一大半。这是麦西生意上的第一次失败。

尽管是失败，但麦西很乐观："至少我明白了一个教训，做日用品生意，一定要卖热门货。"

没多久，麦西积攒了些钱，又开了一家布店。这次开店，麦西自认为已经驾轻就熟了，该万无一失了吧，结果，他错了。

布店生意以妇女为对象，她们一般是喜欢光顾老店，因为跟店里的人熟悉了，有安全感，用不着担心受骗。而麦西不仅是外乡人，又是新开的店，而且货色不全，所以光顾者很少。生意清淡，货物卖不出去，资金周转不开；没有钱进新货，没有钱做广告，顾客自然更少。如此恶性循环，小布店也不得不关门。这是麦西生意上的第二次失败。

生意失败的麦西来到旧金山，几番思量，再次重操旧业。这次，他吸取了前两次的教训。当时有一种淘金用的平底锅很畅销，麦西就以低于别人一成的价格出售，并告诉买锅的人，请他们转告其他的人来买他的锅。这种廉价多销的创意，让麦西赚了一笔钱。

一年后，麦西用赚到的钱盘回了当年兑出去的布店。这次，麦西是有备而来，推出了一系列的销售策略：第一，每天都在

当地的各种报刊轮流刊登广告；第二，每个季节都会挑出几样热门货，低价促销，让每位顾客都能买到真正的便宜货；第三，增加货品种类，除了经营布，同时还销售肥皂、拖把、衣服、袜子之类的日用品；第四，明码标价，这算是麦西最成功的创意。一来省去讨价还价的麻烦，二来也消除了消费者怕上当的心理。不管什么商品，顾客认为价格合适货色满意了就买，毫不勉强。

可是，出人意料的是，麦西的廉价商店还是倒闭了。而且这次垮得很惨，几乎把老本全部赔光。当他陷入绝望的时候，他的大舅子荷顿找到他，并主动提出与他合作，表示愿意出资入股。麦西百思不解时，荷顿说："你这次失败原因在于这地方太小，水浅养不住大鱼。但你学会了经营，这比什么都重要。"

就这样，麦西再次开始创业，这次他决定到美国最大的城市纽约开创自己的事业。到了纽约之后，麦西如鱼得水。起初，他在十四街买下一个店面，开设了他的第一家百货店。10年之后，麦西百货公司的规模几乎占了半条街。在这10年当中，麦西在百货业界所向披靡，处处领先，经营的货品从吃的、穿的到用的，几乎无所不包。很多人想超越他，最终也只能望其项背。

这就是"吃一堑，长一智"的麦西。麦西成功了，几经挫折、沉浮，最终取得巨大的成功。

仅就麦西的才能而言，他才能经营企业并没有多少才能，但他能接受失败的教训，终于成为美国百货业创始人之一。

跌倒，爬起，再跌倒，再爬起。这是麦西百货商场经久不衰的秘诀所在。而这一宝贵财富却来之不易，是麦西一生积累的结果。

智慧的增长，不但可以从成功的经验，也可以从失败的教训里来，它们的价值都是绝对的。成功太容易让人得意忘形，而失败却总是刻骨铭心。

面对挫折和失败，应该保持乐观积极的心态；积极向上的心态，能让人头脑清醒；只有头脑清醒，才能找出问题的症结；发现问题的症结，才能解决问题。

挫折和失败像磨刀石，磨刀石能让刀剑锋利，挫折能帮助人们提高发现问题、解决问题的能力。

失败是学习的机会。失败一次就有了一次经验和教训，就有了处理相似问题的能力。如果不能从一次又一次的失败中总结出可以指导下一次实践的经验，同样的错误，还照样再犯，也就根本谈不上什么成功。

戴高乐曾经说："困难，特别吸引坚强的人，因为他只有在拥抱困难时，才会真正认识自己。困难越多，危险越大，我们通过战胜困难和危险获得的成功也就越大。""锲而舍之，朽木不折，锲而不舍，金石可镂。"人生有成败，恰如硬币有两面，正面是成功，反面是失败。苦难和挫折能培养我们坚忍不拔的意志。

不要羡慕别人的成功，更不要鄙夷别人的失败。而是应该学会分析和总结现象背后的本质，找出别人失败或者成功的全部原因。取其长，补其短，做你自己该做的事情。

做事要分轻重缓急

你应该找到那件最重要、最关键的事情，去做好它，而不是被纷繁芜杂的假象所蒙蔽，因小失大，酿成祸患。

有一个笑话，说的是一对馋嘴的夫妻一起分3个饼，你一个，我一个，最后还剩下一个，两人互不相让，于是决定从现在起都不说话，谁坚持的时间长，就能得到最后的饼。

两人面对面坐下，果然都不开口。到了晚上，一个盗贼溜进屋里，看见夫妻俩，先是有点害怕，看他们毫无反应，就放心大胆地搜罗起财物来。盗贼将家中稍微值钱点的东西一件一件地搬出门去，妻子心里虽然着急，看丈夫一动不动，便只好继续忍耐。盗贼有恃无恐，干脆连最后一个米缸也搬走了。妻子再也坐不住了，高声叫喊起来，并恼怒地对丈夫说："你怎么这样傻啊！为了一个饼，眼看着有贼也不理会。"丈夫立刻高兴地跳

了起来，拍着手笑道："啊，蠢货！你最先开口讲的话，这个饼属于我了。"

在这个笑话中，这一对愚蠢的夫妇就是没有分清事情的轻重缓急，没有找到当前最重要的问题，结果因小失大，闹出了笑话。当两人打赌争饼时，遵守赌约、闭口无言是双方的主要问题，应着力解决。可是，当盗贼进屋盗窃财物时，如何联手赶走盗贼，保护家中财产，则成为新的主要问题，赌饼约定已经不再重要。此时此刻，夫妇二人就应该抓住最主要的问题，齐心协力，抓住盗贼，保护财产。然而，夫妇二人因为牢记赌约，对盗贼不予理睬，让盗贼有了可乘之机，将财物盗走，从而丧失了抓贼的大好时机，为了一只饼失去了全部财产。

古人说："射人先射马，擒贼先擒王。"想问题、办事情，就是应该牢牢抓住最主要的问题，不能主次不分，因小失大。在实际工作中，我们也必须弄清当时当地客观存在的最重要的问题是什么，从而采取正确的解决方法，以收到事半功倍的效果。

一个人每天都有很多事情要做，有大事、有小事，有令人愉快的事，有令人心烦意乱的事。但是哪些事才是你最重要的呢？不弄明白这个问题，你就会浪费许多精力，空耗许多时间，结果给你带来痛苦，使你身心疲惫。

当然，所谓"重要"，必须是出自你自己的想法、感觉，你认为什么对你才是重要的。在某种意义上，人生就是选择对自己最重要的事情，然后去努力完成它、实现它。

如果你不希望被纷繁芜杂的大小问题弄得手忙脚乱，你就必须学会合理有序地安排事务处理的次序。根据事情的"轻重缓急"，你可以将自己的行动分成四个层次。

1. 重且急

这些是最优先处理的，应当高度重视并且立即行动。

2. 重但缓

可以稍后再做，但也要进入优先处理的行列，一定不要无休止地拖延下去。

3. 急但轻

这些表面上看起来非常紧急的事务，往往会被错误地列入优先行列中，使真正重要的工作被拖延。

4. 轻且缓

其实大量的工作是既不紧急也不重要的，我们却常常由于各种原因，本末倒置，耗费了许多的时间和精力。

当你依照这个程序执行一段时间之后，你就会获得有形的成果及回馈，最终，你将拥有所有你想要的东西，甚至更多。

再精巧的算盘也有算错的时候

古今中外，耍小聪明误事的，甚至丢掉性命的人比比皆是。

和珅由一名当差的升为户部郎兼军机大臣，官至文华殿大学士，封一等公。和珅为官，弄权耍奸，朝野骂声不绝。故而当他的靠山乾隆帝死后不久，就被嘉庆皇帝宣布20条罪状，令其自裁，抄没家产约值8亿两，等于朝廷一年收入。这"8亿两"乃种种祸国殃民、巧言令色的诸般"前事"的积累和"物化"。"百年原是梦，卅载枉劳神"，总结得何等正确。恋生惧死，人之常情，和珅"伤感"于"前事"，他身陷囹圄之际，最终才明白是他的那种以权谋私的作为，"误了自身，罪有应得，没啥冤枉"。

《红楼梦》中的王熙凤才智过人，手腕灵活，口才出众，大权独揽，营私舞弊，并且纵欲，结果是聪明

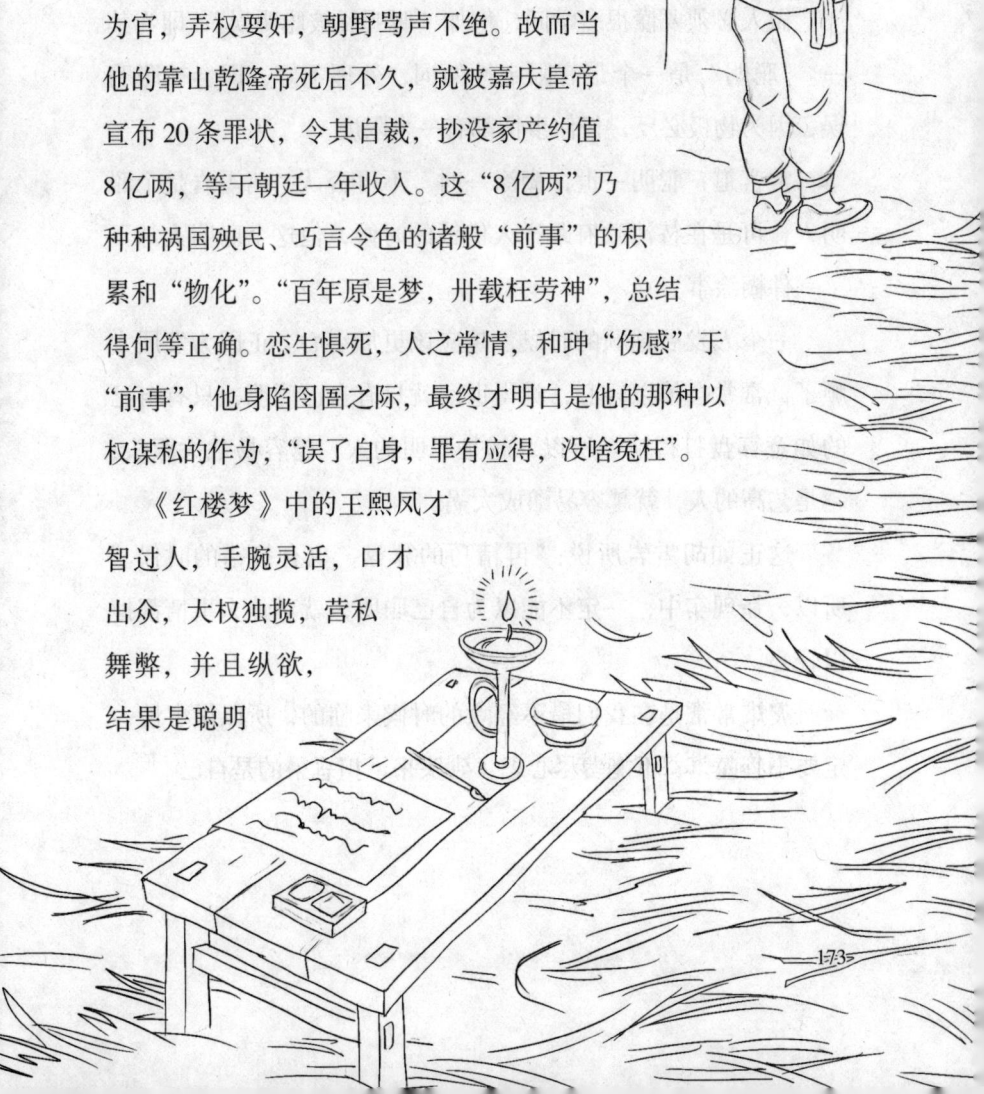

反被聪明误,送了卿卿性命。

观古可以鉴今。到头来感伤嗟叹,恨"才""误"身,那欲说还休的复杂心绪,是何等悲哀与无奈。

聪明之人拥有令人羡慕的资本,但聪明也应审慎用之,聪明用于邪则误人歧途,机关算尽也会必有一失,有才是好事,但别"身死因才误"。

做人必须要懂很多学问,例如"聪明反被聪明误",即为其一。"聪明"是一个带有限定性的词,处理不好,即会被聪明误,因为物极必反,任何事情都有一个限度。

常言道:聪明一世,糊涂一时。不可否认,胡雪岩是个聪明人,可是在替清政府跟洋人借钱的时候,他这个聪明人却干了一件糊涂事。

一个人发展越顺的时候,越应该更加小心。正因为发展太顺了,常常会掉以轻心,觉得世间就只有自己聪明,只有自己的如意算盘打得响。所以,越是聪明的人,越容易栽大跟头;越是艺高的人,就越容易酿成大祸。

这正如胡雪岩所说:"再精巧的算盘,也有打错的时候。"所以,在现实中,一定不能以为自己聪明,就对什么事情都掉以轻心。

灾难常常是在我们最不经意的时候来临的,所以做事情一定要小心谨慎,不能费尽心思,到头来承担恶果的是自己。

只有大意吃亏，没有小心上当

在任何时候，对那些看似容易，充满诱惑的事情都应小心，因为你的任何一个不注意都可能会让你掉进陷阱里。

林风是一名煤矿工人，每逢阴雨天，他的右胳膊都会隐隐作痛，这是 18 年前的一次违章留下的后遗症。他常想，如果当时能按安全操作规程去敲帮问顶，可能事故就不会发生了。

18 年前，他在山西的一家煤矿工作。一天夜班，林风与工友们和往常一样进入工作面，进行了"四位一体"的安全检查，班长安排工作时让他们一定要敲帮问顶，看看单体支柱有没有打结实，小心炸帮煤等。

检查时，林风发现在距离工作面 2.8 米高的地方，在单体支柱的空隙处有一块顶板突出，他用工具敲了敲，还算结实，就没有找撬棍把它撬下来。当时林风只想着早点开机，多割几刀煤，多挣点工分。

在林风操作割煤机割到第二刀时，有几块大煤块卡在了转载运输机上，他上去把皮带溜子停了，拿起大锤走了过去，还没抡起锤来，就听见顶板响了一声。

林风下意识地想，不好！赶快躲！但已经来不及了，垮落的一小块矸石正好砸到了他的右胳膊上，很快，鲜血顺着袖筒流了出来。这时，还有更多的矸石不停地往下掉，他想，要是再垮一次顶，自己就没命了。

后来，林风被送到医院，医生诊断右胳膊两处骨折。林风在病床上整整躺了半年。班长到医院看望时对他说："安全生产不能心存侥幸，那么多的安全操作规程都是用血的经验总结出来的，在井下工作一定要养成按安全操作规程办事的习惯。"

这起事故和班长语重心长的话语让林风牢记至今。十几年过去了，林风现在不管干什么工作，都牢牢记住班长那句话：一定要养成按安全操作规程办事的习惯。

"只有大意吃亏，没有小心上当"是一句金玉良言。我们做事情一定要严谨认真，不能抱"差不多"或"应该没事儿"的侥幸心理，对自己，也对他人负责。

第十章

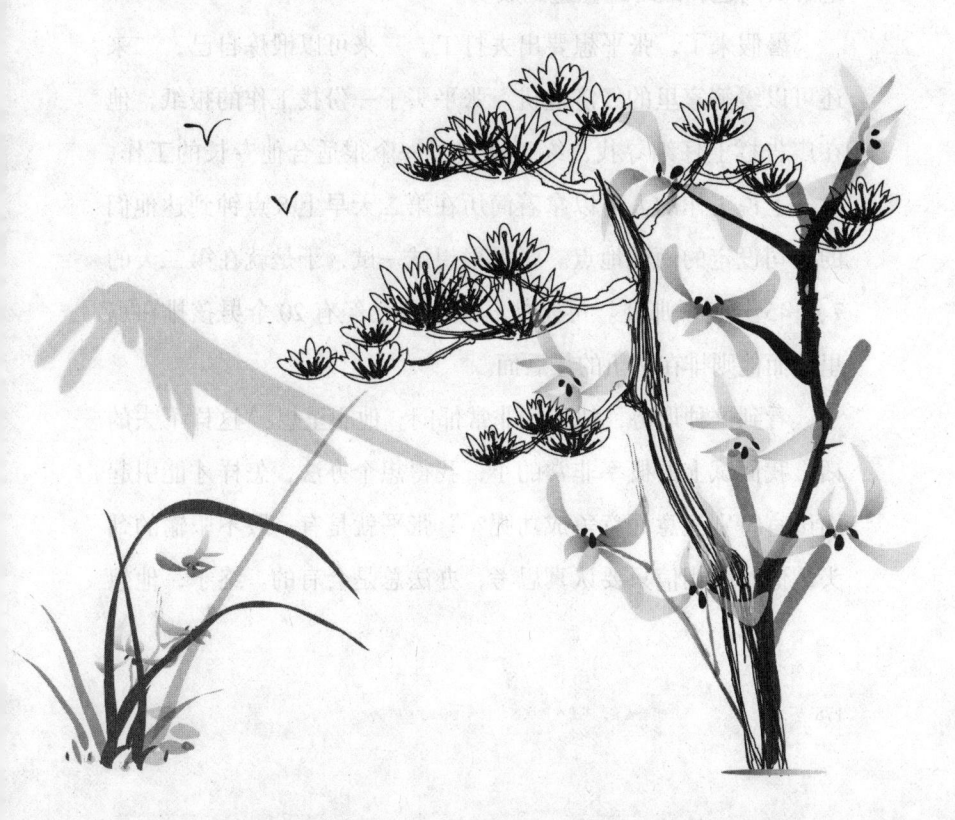

机遇把握：君子藏器于身，待时而动

——善于捕捉时机，敢于果敢出手

逢强智取，遇弱活擒

在战争中讲究的是："逢强智取，遇弱活擒。"在为人处世中也是如此，面对不好惹的人，就得多动动脑筋，用最有效的方法将他"制服"；遇到问题时，一定要仔细地分析问题，从而找到最好的解决办法。

只要肯想，办法总是有的。但是办法一定要对路，要能够见招拆招。只有开动脑筋，逢强智取，遇弱活擒，在不同的情况下想出不同的可以解决问题的好方法，只有这样才能够真正地解决问题，最终助你达到成功。

暑假来了，张平想要出去打工，一来可以锻炼自己，二来还可以缓解家里的经济危机。张平买了一份找工作的报纸，他在广告栏上仔细寻找，终于选定了一个很适合他专长的工作，广告上说工作的人可以拿着简历在第二天早上8点钟到达他们的公司设定的面试地点。张平很想试一试，于是就在第二天的7点45分到了那儿。可是他看到居然已经有20个男孩排在那里，而他则排在队伍的最后面。

看到这种形势，他感到非常郁闷。他心里想："这样下去的话，我面试上的概率非常的小，我得想个办法，怎样才能引起面试官特别注意而竞争成功呢？"张平就是有一股不服输的劲头，他始终相信只要认真思考，办法总是会有的。终于，他想出了一个办法。

张平拿出了一张纸，然后在上面写了一些东西，折得整整齐齐，走向面试官，然后恭敬地说："先生我希望您可以看一下。"

面试官看到了纸条后突然大笑了起来，因为纸条上写着："先生，我排在队伍中的第15位，在你没看到我之前，请不要早早地作决定。"

最终，张平得到了这份工作。

张平开动了自己的脑筋，他想到自己排队面试成功的概率非常小的情况，没有同别人一样只是排队，而是想出了一个非常聪明的办法，从而使自己如愿以偿地获得了工作。

李小龙是我国著名的功夫大师，功夫电影明星。他曾经自创了截拳道，为我国武术的发展做出了杰出的贡献。他是一个非常善于思考、精于谋划的人，因此他在处世时，总是能够分清局势，成功地绕开危机，并能最终获得成功。

有一次，李小龙去宣传自己的截拳道，在表演前他首先作了一番讲演，仔细阐明了截拳道的优势，同时也分析了其他武术门派的弊病。李小龙的言论立刻激起了一名在场的日本武师山本的强烈不满，这名武师属日本空手道黑带三段，在另一所大学就读。听了李小龙的演讲，他立即不服气地走到场边，然后以污言秽语羞辱李小龙，他戳着李小龙叫道："你的截拳道既然如此厉害，那么你敢不敢接我的空手道呢？"

李小龙原本想将他的截拳道招数表演完毕再和他理论，见此情景不得不中止,终于他忍无可忍地接受了对方的挑战。李小龙对山本说道:"空手道是从中国武术演变而来的,我哪有怕空手道的道理呢?"

于是,双方摆下了架势,李小龙立刻闪电般地贴近山本前,他的攻势迅猛凌厉,在短短的 11 秒内就结束了这场比武。再看山本,则被李小龙打得满脸鲜血,倒地不起。

后来李小龙知道这名日本武师的功夫属于上乘,名气也非常大。然而李小龙还是轻而易举地将他击败,从此李小龙声名鹊起,名声大噪,这次比武为他自己做了一次非常成功的广告。此后,慕名投奔李小龙门下的学生也越来越多,他的武馆从此大见起色。

李小龙是聪明的,他认真分析了局势,考虑到对方是练习空手道的武师,而空手道是从中国武术演变而来的,且自己的截拳道也吸收了空手道的经验,于是很自信地认为自己可以打败他,这样也可以为宣传自己的截拳道起到非常好的效果。于是他立刻凭借自己的能力打败了那名武师。

在做事情时一定要多思考,多分析。逢山开路,遇水搭桥;兵来将挡,水来土掩;只有这样才能够使问题更好地更有效地解决。

东汉末年,魏、蜀、吴三分天下。蜀国丞相诸葛亮受到刘备托孤的遗诏,立志北伐,以重兴汉室。然而,蜀国南方的孟获又率兵来犯,诸葛亮当即点兵南征。双方首战诸葛亮就大获全胜。他亲率主力大军进入益州。这时雍闿已被高定的部下杀死,孟获代替雍闿为主,召集雍闿余部抵抗诸葛亮。

孟获虽然有勇无谋,但是在当地少数民族中威望很高,所以诸葛亮根据自己的既定方针,决定生擒孟获,使他心服归降。

于是他下了一道命令,只许活捉孟获,不能伤害他。于是诸葛亮七次抓到孟获,又七次把他放掉,最终让孟获降服。

诸葛亮七擒孟获平定南中,不仅解除了蜀汉的南顾之忧,稳定了后方,而且从南方调拨了非常多的人力物力,从而充实了蜀汉的财政力量,让其可以专心于北伐。

诸葛亮平定南中后,命令孟获和各部落的首领照旧管理他们原来的地区。有人对诸葛亮说:"我们好不容易征服了南中,为什么不派官吏来,反倒仍旧让这些头领管理呢?"

诸葛亮说:"我们派官吏来,没有好处,只有不方便。因为派官吏,就得留兵。我们如果要留下大批兵士,那么我们的粮食就会接济不上。再说,刚刚打过仗,难免死伤了一些人,如果我们留下官吏统治,一定会发生祸患。现在我们不派官吏,既不需要留军队,又不需要运军粮。让各部落自己管理,汉人和各部落相安无事,岂不是更好?"

诸葛亮想到了战后的统治问题,因此不能杀死孟获,而应该让其归顺,然后令其臣服蜀国,一举两得。

因此,做事情千万不能盲目,而是应该结合具体的情况,想出一个可以对症下药的方法来,只有这样事情才会被很好地解决。

将计就计，其计方易

每个人的一生都会遇到敌手的，为了胜利你就一定要多动脑，多努力。虽然"消灭自己敌人的最好办法就是把他变成你的朋友"这句话说得很好，但是我们并不能把每一个对手都变成好朋友，这就要求我们学会去面对他们，去战胜他们。

并不是每个对手都会和你光明正大、堂堂正正地竞争。面对对手的小伎俩，我们应该学会将计就计，借力打力，才能够很好地回击。"将计就计"如果能够圆满完成，不仅能让自己摆脱困境，更能让对手的计划落空，从而制服对手。

当你和他人斗智斗勇时，难免会棋逢对手，双方会呈现非常胶着的状态，谁也不能占到对方半点便宜。如果这样相持下去的话，就会使得双方元气大伤。就算是一直耗下去最终获得了成功，也只能留下一个难以让人接受的烂摊子。这样的胜果，代价实在是太大了。而如果我们懂得将计就计，利用别人的计谋然后有针对性地制订计划，就会很快地粉碎别人的计谋，从而让自己更轻松地获得胜利。

1941年秋，侵华日军华北总司令冈村宁次调集了数万日伪军，集中力量对晋察冀边区进行了大规模的扫荡行动。面对这种情况，晋察冀军区的司令员聂荣臻立即决定，由军区直属机关留在中心地区以牵制敌人，同敌人周旋。主力部队则跳到外线去有效地打击敌人，从而一举粉碎敌人的大扫荡。

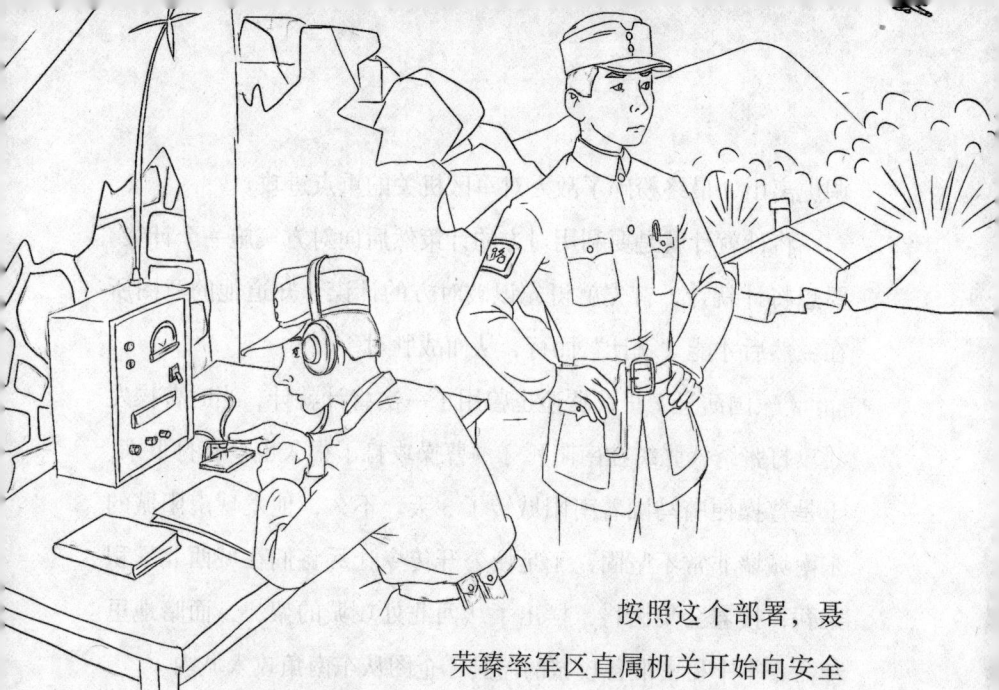

按照这个部署，聂荣臻率军区直属机关开始向安全地带进行转移。在转移的途中却遭到了敌人飞机的狂轰滥炸，接着很多敌军在飞机的引导下尾随而来。军区机关换了很多的地方，但就是摆脱不了敌军。大家都觉得非常奇怪，为什么军区机关转移到哪里，敌人的飞机就出现在哪里呢？聂荣臻经过反复的分析，认为敌人之所以能对军区机关迅速转移做出快速的反应，是因为敌人掌握了军区机关电台的信号。于是，他决定将计就计，命令一个小分队携带着一部电台赶往距军区机关驻地几里外的一个电台点，然后用军区的呼号不断地发报。果然，敌机就开始猛烈地对那个电台点狂轰滥炸，各路敌军也不断扑向那个电台点，从而为机关和军队的转移赢得了宝贵的时间。

聂荣臻及时洞悉敌人尾随军区机关的原因，然后将计就计，调虎离山，最终粉碎了敌人对军区机关的重点进攻。

将计就计就是要利用对方的计策然后向对方实施一个计策。要想将计就计，首先就得先识破对方的计谋，知道他的意图所在，然后才能"就计"而行，从而战胜对手。

《三国演义》里，贾诩也曾用了一次将计就计，当时曹操发兵攻打张绣，张绣在南阳死守。曹操攻打了很久也没有打下来，于是曹操便骑马围着南阳城转了3天。不久，他发现南阳城的东南城墙非常不坚固，于是便公开传令让兵将们在城西北堆积柴薪，接着会集诸将，摆出了从西北处攻城的架势，而暗地里却命令军中秘密准备攻城的器具，企图从东南角攻入城内。

谁料，城中张绣的谋士贾诩识破了曹操"声东击西"之计，他经过分析，决定将计就计，他让饱食轻装的精壮士兵全部藏在城东南的房屋之内，让老百姓假扮成军士，登上城墙的西北角，不断地摇旗呐喊。曹操以为张绣中计，于是就白天在城西北进行佯攻，到了晚上则悄悄带着精兵从东南角爬入城内，结果却反中了贾诩的计谋，最后被杀得丢盔弃甲，损失了几万兵力。

贾诩正是在识破了曹操的计谋后，再根据曹操的计划制订一个可以击败他的计划，从而把曹操打得一败涂地，进而解决了曹操围城的困境。

将计就计的关键就在于能否看透第一个"计"，如果看透了，你就可以认真地想出一个得当的方法来对付它，而如果你不了解对方的意图，那么你就无法将计就计了，而是只能中计了。

韩襄毅，名雍，谥号襄毅，一次，有个郡守准备了丰盛的酒宴进献给他，这酒宴用一个大盒子装上，并且有一个美女也装在了盒子里，然后直接进献到韩襄毅所住的营帐中。

这必定是当地的郡守想借此来窥探他的。韩襄毅知道这里面一定有不可见人的东西，但是他又不好违背郡守请他饮酒的好意，更不能若无其事地处理他派来的窥探者。思来想去，他决定将计就计。于是他就请郡守进入军帐，然后打开盒子，让在盒子里的美女献完酒之后，就依旧放回了盒子里，最后又把盒子还给了郡守，让美女随着郡守一起出去。

韩襄毅识破了郡守的用意，但又碍于情面无法拒绝，于是他就将计就计地让美女敬了酒，然后又把美女完好地送回，不但接受了郡守的好意，也表明了自己的态度。

因此，在与对手斗法时，不能仅仅用自己的蛮力，更要开动自己的脑筋，努力去了解对手的计划，然后根据他的计划，布置一个自己的计划，让他在实施原先计划的过程中就不知不觉地进入自己的计划之中，从而化险为夷。

机会从来不等人

"机会从来不等人"。当你做了充分准备，机会来临时就是你的；如果你没有做好准备，任何机会都不会是你的。

机会不会降临每个人身边，有的时候机会来到我们身边仅仅是短暂的瞬间。错过了这一瞬间，它绝不会再恩赐第二遍。

机会从来不等人。在通往失败的路上，处处是错失了机会、坐等幸运到来的人。

抓住机会，见机而动，这个道理并不难理解。但许多人却令人遗憾地失去了机会。错失良机的原因恐怕出现在两个环节上：一个是识机，一个是择机。

时机来到，有的人能及时发现，有的人却视而不见，有的人虽然有所发现，但认识不清，把握不准。

良机丢失的另一个原因，是多谋少决，不敢决断，不能当即择机。这固然受到对时机认识不明的制约和影响，但与决策者的心理素质也有很大关系。有的人天生意志软弱，缺乏决断力，面对几种方案，不知取舍，无所适从。

无论在社会生活还是社会斗争中，机遇只偏爱那些有准备头脑的人，只垂青那些深谙如何追求它的人，只赐给那些自信必能成功的人。机遇稍纵即逝，犹如白驹过隙，常言道，机不可失，时不再来。在进退之间，不能把握时机者，必将一事无成，蹉跎岁月。

机会总是来去匆匆，它从不为任何人稍作停留，但这并不是说，机会可遇而不可求。机会可遇亦可求。所谓可求，就是说每个人都可以为自己制造机会。机会常常会出现在你面前，你完全可以把握住机会,将它变为有利条件。而你需要做的事情只有一件:行动起来。

软弱和犹豫不决的人,总是找借口说没机会,他们总是喊:机会!请给我机会!

弱者等待机会,强者创造机会。即使做不成强者,至少也要抓住机会。

事实上,你缺乏的不是机会,而是辨别机会的慧眼和抓住机会的双手。

世界上最小的门是机会之门,只要你关闭,拒绝接受,就是连一根针也插不进去;世界上最大的也是机会之门,只要你打开,它可以创造无数奇迹。其实,一个人生活中的每时每刻都充满了机会。学校里的每一堂课是一次机会;每一次考试是一次机会;每一个工作任务是一次机会;每一次都是展示你的聪明与才智、果断与勇气的机会,更是表现你诚实品质的机会。

在这个世界上生存,本身就意味着你拥有奋发进取的特权,你要利用这些机会,充分展示自己的才华,去追求成功,那么这些机会所能给予你的东西,要远远大于它本身。

不打无准备之仗

俗话说得好:"好的开始是成功的一半。"做每一件事的时候,如果准备充分的话,往往会有事半功倍的效果。"不打无准备之仗",在做事情的时候一定要规划好,准备好,这样才会使成功更加顺利地到来。

著名的作家梁晓声接到过一位大学生写来的信。在信中他倾诉自己对文学的虔诚与热爱,以及想成为作家的愿望,只是由于自己是学工科的,因此不能将大量的精力花在自己热爱的文学上,所以他感觉自己是世界上最不幸的人。

梁晓声在回信中坦诚地说道:"与同龄的青年相比,能够考入一所名牌的大学,你已经是最幸运的人了。目前对你来说,努力学习是最合适的事情,学习应当成为你生活的全部,即使你要成为作家,大学的学习对你也是非常有益的积累。我劝你还是先按下当作家的迫切愿望,等到将来大学毕业了,再从业余作家做起,然后当半专业作家,直到进入专业作家的行列。"

令人遗憾的是,这位大学生根本听不进梁晓声的劝告,他把所有的心思都用到了写作上。结果,他没有一篇"作品"发表,相反地,学习成绩却一天天地下滑,甚至于连续几次补考都没有及格,最后不得不离开了大学校园,回家去了。

再后来,梁晓声听说他精神失常了,便非常痛惜地说道:"这实在是太可惜了。"

这名大学生没有听从梁晓声的正确意见,一心只想着写作,但是他没有写作的天分,又不去为当一名作家而做准备,积累经验,而是急于求成最终落了个令人痛惜的结果。

我们再来看另一个例子。

著名的女作家铁凝接触过一位文学爱好者。她是一位四川农村女青年，她为了文学，竟然不远万里地找到铁凝。她希望在铁凝的指导下早日成为一名作家。

但是铁凝心里非常清楚，一个人仅仅靠一个作家的培养而成为作家的概率是非常小的。福楼拜是莫泊桑母亲的老友，他曾经对莫泊桑进行极其严格的写作训练。但是莫泊桑在以《羊脂球》而留名文坛之前，也一直在一个默默无闻的小职员的位置上奋斗了十余年。

铁凝了解了女青年的大致情况后，善意地向她提出建议："你最重要的是工作问题，因为有了工作才能有工资，有了工资才能活着。只有活着才能去写作，去追求梦想。"

那位女青年听从了铁凝的劝告，回到家乡。在一个小县城里找到了一份最普通的工作。以后她常把她的习作邮寄给铁凝指导。终于，她的文章开始在地区的小报刊上连续发表了。渐渐地，她开始引起人们的注意，并最终实现了她的梦想。

同样热衷于文学，两个青年却有着截然不同的结局，出现这种情况的原因是前者对写作这件事没有准备充分，急于求成。后者则听从了铁凝的建议为自己的梦想积极地做准备，最终实现了自己的梦想。

一个年轻的猎人带着充足的弹药和擦得锃亮的猎枪去打猎。

老猎手们都劝他在出门之前把弹药装好再去寻找猎物，但他还是带着空枪走了。他对老猎手们说道："我到达打猎的地方

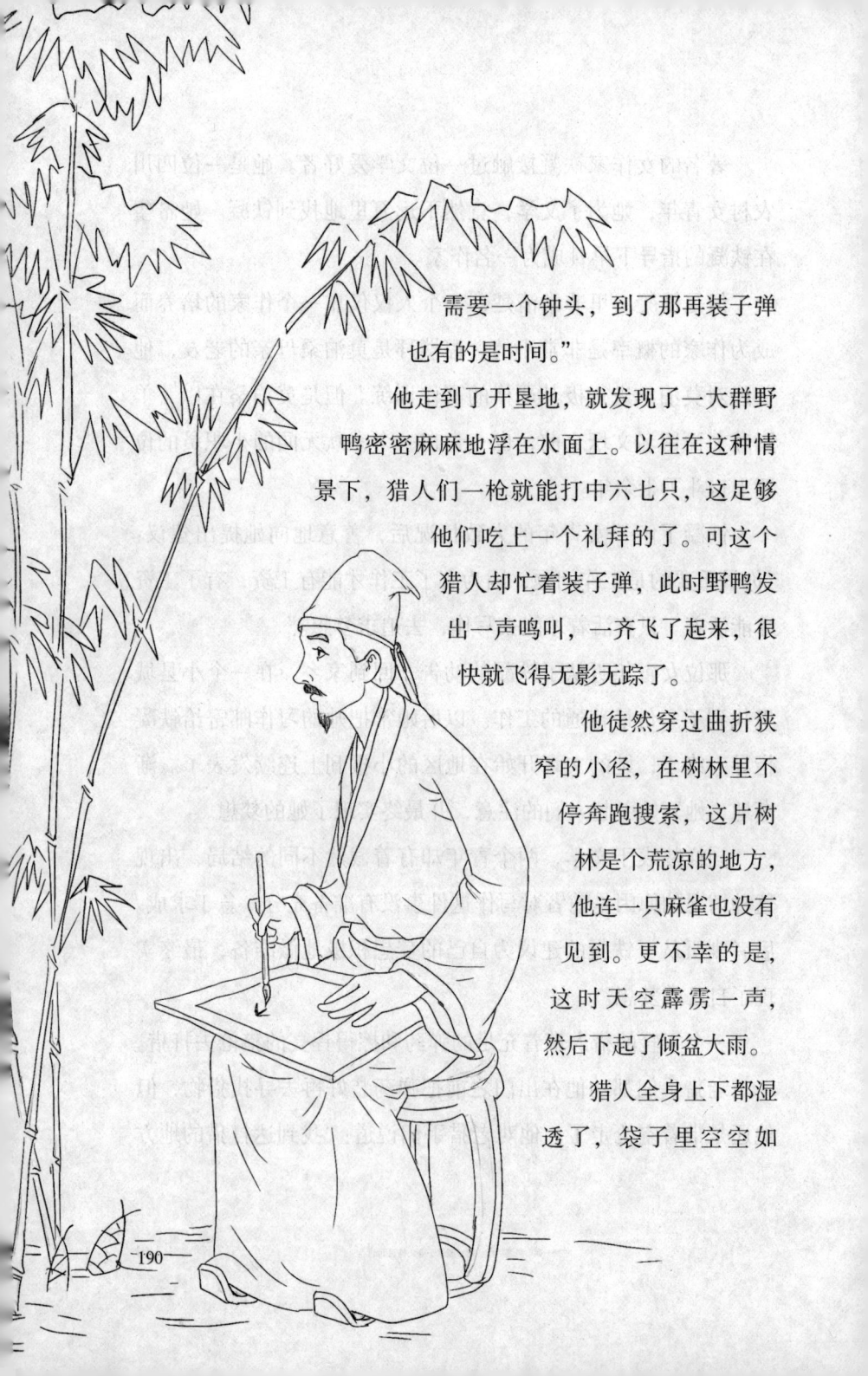

需要一个钟头,到了那再装子弹也有的是时间。"

他走到了开垦地,就发现了一大群野鸭密密麻麻地浮在水面上。以往在这种情景下,猎人们一枪就能打中六七只,这足够他们吃上一个礼拜的了。可这个猎人却忙着装子弹,此时野鸭发出一声鸣叫,一齐飞了起来,很快就飞得无影无踪了。

他徒然穿过曲折狭窄的小径,在树林里不停奔跑搜索,这片树林是个荒凉的地方,他连一只麻雀也没有见到。更不幸的是,这时天空霹雳一声,然后下起了倾盆大雨。

猎人全身上下都湿透了,袋子里空空如

也，最后只好拖着疲乏的脚步回家去了。

在看到猎物的时候才去装弹药，连作为一名猎手最起码的准备工作都没有做好，当然就不可能有什么收获了。如果他在出发前做好充分的准备，那肯定会满载而归。

北宋大画家文同，字与可。他画的竹子远近闻名，每天总有很多人登门求画。那么文同画竹的妙诀在哪里呢？

原来，文同在自己家的房前屋后种上各种各样的竹子，无论春夏秋冬、阴晴风雨，他经常去竹林观察竹子的生长变化情况，琢磨竹枝的长短粗细，叶子的形态、颜色，每当有新的感受就回到书房，铺纸研墨，把心中的印象画在纸上。日积月累，竹子在不同季节、不同天气、不同时辰的形象都深深地印在他的心中，只要凝神提笔，在画纸前一站，平日观察到的各种形态的竹子立刻浮现在眼前，所以每次画竹，他都显得非常从容自信，画出的竹子，无不逼真传神。

当人们夸奖他的画时，他总是谦虚地说："我只是把心中琢磨成熟的竹子画下来罢了。"

文同竹子画得传神，是因为他在画竹子之前，对竹子做了大量的观察，使得他对竹子的特性了如指掌，因此就可以画出惟妙惟肖的竹子了。

总而言之，做任何事情之前，一定要做好充分的准备，只有充分的准备后才会更加自信地去做事情，从而更加顺利地实现目标。

磨刀不误砍柴工

做一件事的准备活动是非常重要的,一个良好的准备过程可以让事情做起来更加得心应手,甚至会达到事半功倍的效果。"磨刀不误砍柴工",不要吝啬那短短的磨刀时间,殊不知就是这短短的磨刀时间却能够给你带来更多的惊喜。

"磨刀不误砍柴工"表面的意思是在刀很钝的情况下,就会严重影响砍柴的速度与效率,在砍柴前虽然会浪费一些时间来磨刀,而致使不能立即去砍柴,但一旦当刀磨得很快,砍柴的速度与效率会大大提高,砍同样多的柴反而用时比钝刀少。

从前有一个年轻人,他与一个砍柴很久的师傅搭档,每天都一起进山砍柴。在每天上山砍柴之前,老师傅都会把斧子磨一磨,并还教育他砍柴之前最好要把斧子好好地磨一下。但是这个年轻人总是太心急,他认为磨斧子是一件很浪费时间的事,他认为如果把磨斧子的时间用在砍柴上就能够砍更多的柴。于是他就抱着这个思想每天都和老师傅一同上山砍柴。

第一天,他的确是比老师傅砍得快,还砍得多。他心里沾沾自喜,觉得自己比老师傅还厉害,他觉得自己认证了磨斧子是没有用的想法。

第二天,他还是不磨斧子,早早地就进山了,并且劝老师傅也不要再浪费时间磨斧子,快点一起进山。老师傅却不为所动,依然认真地磨着自己的斧子。

结果，这一天年轻人和老师傅砍的柴是一样多。回到家以后，年轻人很不服气，他认为自己之所以砍得少是因为自己今天没有力气的缘故，并暗下决心明天一定要比老师傅砍得多。第三天，年轻人起得很早，在老师傅刚刚起来，还没有磨斧子的时候就进山了，并加倍地努力砍柴，他想要砍得比老师傅多，于是砍得比前两天还要卖力。但遗憾的是，他累了一整天，却比前一天还少。

回到家里以后，他觉得非常沮丧，甚至连饭也吃不下去了。老师傅看到了他的困惑，就来开导他。对他说："年轻人，你想知道为什么你砍的柴越来越少吗？你想知道你砍柴为什么越来越吃力吗？"

年轻人非常想知道其中的原因，于是很认真地听着。老师傅语重心长地对他说："年轻人，干事情不能那么急躁，砍柴之前一定要磨好斧子，不要害怕浪费磨斧子的那点时间，当你把斧子磨好之后你就会更快地砍柴了，这就叫作'磨刀不误砍柴工'。"

年轻人听完以后将信将疑，于是他决定听一次老师傅的话，并在明天验证一下。

于是，第四天早上，他没有早早地出发，而是和老师傅一起磨斧子，一直把斧子磨得又快又光之后才去砍柴。

结果令他欣喜的是，他又恢复第一天的水平。

在现实生活中，每个人都应该充分重视准备活动的重要性。所谓"工欲善其事，必先利其器"就是这个道理。如果平时不勤奋地"磨刀"而只是迫不及待地去做事情,等机会来临时就会发觉自己的能力远远不够,基础非常不扎实,这样的话再怎么临时抱佛脚,恐怕也已经晚了。

因此,我们应该注重自己平时的积累,注重做事情前的准备活动,为接下来做事情打下一个良好的基础。

一对隐居山野的夫妇,长年以来,他们都过着远离都市、自由自在的生活。

一天中午,妻子突然想吃鱼,于是吩咐丈夫利用下午的闲暇时间去河边钓鱼,这么一来,晚餐时就可以吃到新鲜、美味的炖鱼了。

妻子在家里盘算着晚上的鱼的做法,一面做准备,一面催促着丈夫赶紧去钓鱼。

丈夫就拿着渔竿出去了,傍晚时,丈夫垂头丧气,两手空空地回到了家里。妻子看到丈夫一副狼狈的模样,就焦急地问:"你怎么一条鱼也没带回来呢?"

丈夫一边擦汗一边说:"别提了,现在的鱼实在是太狡猾了,我在河边等了一个下午,不但没有钓到半条鱼,鱼饵还被吃光了,简直把我给气死了。"

妻子听了半信半疑,这条河的鱼非常多,怎么突然间连一条鱼也钓不上来呢?

于是,她拿起了渔竿,仔细地看了看后说:"难怪呢,鱼钩都已经直了,怎么可能钓到鱼呢?你怎么连这都没发现呢?怪不得蹲了一下午一条鱼也没钓到，这个鱼钩根本就没有作用了，你还是赶紧换上一个新鱼钩吧，这样就会钓到鱼了。"

丈夫没有找出问题的症结，因此忙碌了半天，只是徒劳无功。纵使付出了再多的力量，他也不会钓到鱼的。

要办成一件事，先要进行一些筹划、进行可行性论证和步骤安排，做好充分准备，创造有利条件，这样会大大提高办事效率，做事情前一定要事先做好充分的准备，只有做好充分的准备才能使工作效率更高，做事速度更快。正所谓"兵马未动，粮草先行"，有了可靠的保障后，做事情就会胸有成竹了。

求人不如求己

每个人都会遇到这样或者那样的事情，每个人都会有求于别人，但是我们不能总是靠着别人的力量来完成一件事，而且别人也不会帮助我们完成每一件事。这就要求我们做事情时仍要靠着自己的力量去努力完成，而不是一遇到问题就寻求别人的帮助。所谓"求人不如求己"，别人不可能总会为你做好每一件事，事情终究是你的，最终仍要凭借着你自己的能力去完成。

别人的帮助有的时候可以为我们开辟一条新的道路，让我们更加顺利地渡过难关，解决问题，但我们绝对不能过分依赖着别人的帮助，别人的帮助只能起到辅助的作用，而真正起到主导作用的还是我们自己。一个人如果把别人的帮助看得太过重要，久而久之，他的做事能力就会严重下降，而每当出现问题时，他首先想到的不会是靠着自己的智慧和力量去解决问题，而是去寻求别人的帮助。慢慢地，他就会严重依赖别人的帮助了，这样他就对自己更没有信心了。

佛印禅师和苏东坡是至交，他们两个人经常在一起参禅论道、游山玩水。

有一天，他们出去游玩，在路过杭州的中天竺寺时，两人便进去参礼。

当他们礼拜完毕后，苏东坡看着千手观音菩萨手中持着的念珠，就问佛印道："禅师，观音既是菩萨，为什么还要数手里的那串念珠呢？"

禅师答道："她也像凡夫们一样在祷告啊。"

苏东坡很是不解地问道："她向谁祷告呢？"

禅师笑着答道："呵呵，她当然在向观音菩萨祷告呀！"

东坡又追问道："她自己不就是观音菩萨嘛，为什么还要向自己祷告呢？"

佛印接着笑了笑，说道："求人不如求己嘛！"

另一则关于观音菩萨的故事是这样的：

有一个人在路上行走着，突然天空下起了大雨。这个人于是就在屋檐下躲雨，这时他看见观音打着雨伞在雨中走。于是他对打着雨伞的观音说："观音度我一度。"观音说："你在屋檐下，我在雨中，谁能够度谁呢！"这个人听观音这样一说，就从屋檐下走入雨中。然后他对观音说:"现在我也在雨中了,请观音度我一度吧。"观音说道:"你在雨中,我也在雨中,只不过我手中有伞,你手中没伞。你应该要伞度你,而不是叫我度你。"

这个人听了观音的话后非常郁闷,很无奈地回家去了。

这则故事劝诫我们要靠自己的力量做事情,可见人最终还是要靠自己啊。

求人不如求己,做事情的时候,我们应该努力地靠自己去完成,而不是一有问题就去寻求别人的帮助,请求别人伸出援助之手。如果一个人,从来都不相信自己、磨炼自己、发展自己,不让自己做自己的救世主,那他还能做什么呢?对自己都没有信心的人,还能指望别人能帮得了多少呢?一味地否认自我,寄希望于他人,就永远无法在竞争中占据主动,而只能受制于人。

海伦·凯勒来到这个世界才16个月,猩红热就夺去了她的视觉、听觉和语言能力。失去了思维依托的海伦智力十分低下,她既看不到五光十色的世界,也听不到山鸣谷应,更无从表达她内心的忧郁，但她硬是凭借着惊人的毅力，踏踏实实、一点点地学习，终于有所成绩。她不仅练就了正常人的思维能力，还创造了常人难以达到的辉煌。她掌握英、法、德、希腊和拉丁语，还发表了大量的文学作品，使得她成了全美国最受尊敬的文学家、教育家。

当有人问她："是什么让你这样坚持地走下去？"她只是淡淡地说道："因为我一直告诉自己，不管遇到多大的困难，只有自己才能拯救自己。"

海伦·凯勒从来都没有向命运低头，她没有乞求别人的帮助，而是靠着自己的力量一点点地让自己走向成功，从而使自己的人生绽放出了夺目的光芒。

从美国哈佛大学毕业的女学生布露柯·艾莉森成为哈佛大学的第一位四肢瘫痪的学生。

21岁的艾莉森在7年级开学的第一天发生了严重的车祸，在那次车祸里她几乎丧失了自己的性命，但是她在医院里昏迷了36小时后竟然奇迹般地苏醒过来，然而她的四肢却全部瘫痪。她醒后首先想到的不是自己怎么样了，而是急切地询问什么时候可以去上学，她甚至还担心功课是否会被落下。尽管她已经瘫痪了，但是不服输的精神点燃了她希望的火焰。此后，她以优异的成绩从哈佛大学毕业，并取得心理学和生物学两个学士学位。面对四肢瘫痪这种常人难以想象的痛苦，她仍无比坚毅地说："这就是我的生活，我一直感到，不管我所面对的情况如何困难，我都应该坚持下去，只有自己才可以拯救自己。"

因此，我们应该用自己的力量与智慧不断提高自己，脚踏实地地做好每一件事，为自己去奋斗，努力挖掘出自己最大的潜力，不断地努力与磨炼，才能够让自己在面对问题时信心百倍，并可以自信地达到成功。求人不如求己，一定要树立信心，坚定信念，变被动为主动，寄希望于自我才是最可靠、最有利的成功法则。

给自己一点信心吧，要坚定自己的信念。遇到困难时咬紧牙关对自己说："我能做到，我可以的，我不能依赖别人的帮助，我自己帮助自己……"只有这样，才能在困难面前面不改色，自信十足。人的潜力是巨大的，相信自己，把自己潜藏的力量激发出来吧，你会发现，没有别人，每一件事情依然可以凭借自己的力量很好地完成。

进攻才是最好的防守

商场如同战场，快一步则生，慢一步则死。面对困境，不能消沉沮丧，要像洛克菲勒一样积极主动寻求出路，将对方置于被动的地步，成功当然由你掌握了。

人生也是如此。处于困境时，不能坐以待毙，等着对手将自己打败，要主动寻找走出困境的办法，快速进攻，不给对手任何逃脱的机会。

洛克菲勒使用大量资金扩大炼油生产量的同时，为了挤垮对手，他安排人去把一切可以装运石油的油罐列车以及油桶全部包租下来。但宾夕法尼亚公司垄断了油田和东部港口间的铁路货运，迫使洛克菲勒按其要求支付将煤油和其他产品运到东部市场的费用。洛克菲勒决定主动出击，解决这个问题。

1867年下半年，洛克菲勒派人会晤了中央铁路公司的新任副董事长，告诉他洛克菲勒公司不再通过运河运输石油，而保证通过他的铁路每天装运不少于60节车皮的石油，不过条件是在运费上打折扣。而中央铁路公司当时正面临美国运输业大幅

震荡，恰好需要一个"承包"者。

于是，中央铁路公司答应了洛克菲勒的要求：从石油区装运原油到克利夫兰每桶35美分，从克利夫兰装运精炼油到东部海滨每桶13美元。

仅此一举，洛克菲勒不仅打破了宾夕法尼亚公司的垄断，而且在运费上也得到了极大优惠。

面对阻力，大胆进攻，最后取得胜利，是洛克菲勒的一贯做法。

1870年，美国铁路货车总装运量不断下降，那些受到经济不景气影响的铁路老板，为了解决困难，着手寻求更为有利的解决方法。他们设想：既然他们能够同最大的炼油商们合伙经营，分享利润，又何必忍受这种正在消耗着金钱的竞争局面呢？摸透了铁路老板们心理的洛克菲勒，立即与铁路老板们酝酿出一个方案。

根据该方案，各大铁路公司将与各主要炼油商们联合起来，共同安排石油的流通问题。运费将提高，但参加这个方案的成员则可以享受运费折扣，可以得到超过运费的补偿。

洛克菲勒立即将此方案付诸实施，着手组建了南方改良公司。该公司的运费以每桶24美分的优惠价格支付，而非成员的运费则要提高。

由于在南方改良公司的2000股中，洛克菲勒及其兄弟威廉占了1180股，这使得美孚石油公司在这个公司中享有的权利比其他任何一个股东都要多。洛克菲勒把这个方案视为一种手段，借以消灭美孚石油公司的竞争对手。

洛克菲勒的主动出击使对手们只有两个选择：要么把自己的企业解散并入美孚公司，要么最后在运费折扣制的压力下破产倒闭。

结果，洛克菲勒有效地垄断了整个美国的石油业。1880年，整个美国生产出来的石油，竟有95%出自洛克菲勒之手。

遇到阻力和困难时，选择退让只会让自己越来越艰难。在激烈的商战中，大胆前进，扩大自己的市场份额，这样才会成功。

第十一章
成功创业：人凭志气 虎凭威

——经营自己，创造无愧无悔的事业

不怕无能，就怕无恒

人的一生会遇到各种各样的困难，同时人与人的能力也是有差别的，这就决定了每个人做事情的方法和思路是不同的。智商较高的人能够轻而易举做成的事情，也许对一些人来说就是非常棘手的问题。有的人常常抱怨自己比别人笨，别人能够做好的事情自己却怎么也做不好。其实大可不必这样想。古人曾说，"勤能补拙"，如果你比别人笨的话，那么你就要付出比别人更多的努力，坚持不懈，奋战到底。"不怕无能，就怕无恒。"

有恒心的人往往能够获得别人不能获得的成就，他们也许并不聪明，甚至于比别人差很多，但是他们相信只要努力就会有回报，只有努力才能够让自己成功。传说，太阳神炎帝有一个小女儿，名叫女娃，是他最钟爱的女儿。炎帝不仅管太阳，还管五谷和药材。他事情很多，每天一大早就要去东海，指挥太阳升起，直到太阳西沉才回家。炎帝不在家时，女娃便独自玩耍，她非常想让父亲带她出去，到东海太阳升起的地方去看一看。可是父亲总是忙于公事，没有时间带她出去。女娃耐不住寂寞，终于有一天，女娃便一个人驾着一只小船向东海太阳升起的地方划去。不幸的是，海上起了风暴，像山一样的海浪把小船打翻了，女娃被无情的大海吞没了，永远回不来了。炎帝十分痛惜自己的女儿,但却不能用医药来使她死而复生,也只有独自神伤嗟叹了。

女娃死了,她的精魂化作了一只小鸟,发出"精卫、精卫"的悲鸣,所以,人们又叫此鸟为"精卫"。精卫痛恨无情的大海夺去了自己年轻的生命,她要报仇雪恨。因此,她一刻不停地从她住的发鸠山上衔一粒小石子,或是一段小树枝,展翅高飞,一直飞到东海。她在波涛汹涌的海面上飞翔、悲鸣,把石子、树枝投下去,想把大海填平。精卫飞翔着、鸣叫着,离开大海,又飞回发鸠山去衔石子和树枝。她衔呀,扔呀,长年累月,往复飞翔,从不停息。

姑且不谈精卫有没有可能把大海填平,只是她的这种决心就足以让人对她肃然起敬。只要有恒心,世界上就没有什么能阻挡一颗勇敢的心。

不要再抱怨自己没有别人聪明了，更不要把自己不如别人当作自己做不好事情的借口，再聪明的人也需要去努力奋斗，不断提高自己。

如果你比别人笨的话，那么你就更应该去努力，只有用你的勤奋去弥补你的不足，你才能跟上别人的步伐。如果你只是每天抱怨着各种事情，那么你和别人的距离就会越来越远了。不要怕自己无能，只怕自己缺少恒心。虽然聪明但是却没有毅力，最后仍会一事无成。而如果你有坚持不懈的精神，即使再笨，你也会凭着自己的努力实现你的目标的。

宁走十步远，不走一步险

俗话说："宁走十步远，不走一步险。"这是非常有道理的。人们在做事情的时候需要稳中求胜，要稳扎稳打，而不是为了急于求成铤而走险。

不要为了尽快成功而去冒险，看似通过冒险才获得的成功，之前一定都做足了"扎实的功课"，所以成功是通过一点点地做事，经过不断努力才最终实现的。做事一定要稳扎稳打，知己知彼才能百战不殆；做到成竹在胸，掌控了大局后，循着自己所想的思路去一点点地实现，只有这样才能成功。虽然说有的时候需要冒险精神，但是这并不意味着要靠着运气去做事情。为了做成某事而去冒险，结果往往是一着不慎，满盘皆输。

姚明是中国的篮球符号。他凭借着不懈的努力和自己出色的篮球技术在 NBA 打出了一片天空，姚明所在的休斯敦火箭队甚至成了中国球迷的主队，无数的人因为姚明而爱上了篮球。

火箭队的实力不是很强，尤其是替补球员表现总不令人满意。早期的火箭队主帅是范甘迪，他为了球队的战绩总是不敢重用替补球员，这使得主力球员的身体被过度使用，而过度疲劳使得伤病的概率增加。

《休斯敦纪事报》的火箭队专家弗兰·布林巴里曾经狠狠地批评了范甘迪，他对范甘迪说："你不是一个傻瓜，比赛还需要五个人之外更多的人力量！"这是在指责范甘迪在比赛中不安排替补球员上场的行为。常常还能够听到这样的批评："范甘迪是在让姚明一个人去对抗 5 个对手！"很显然范甘迪不能把姚明当超人看，但是他确是把姚明当作超人来使用。为了赢球范甘迪不能不冒险，尽管冒险就一定会付出代价。好在姚明是全明星级别的表现，以及火箭在比赛中好运连连，也掩盖了范甘迪用人的缺陷。

作为主教练范甘迪把一些队员禁锢在板凳上，而让姚明在球场上劳累奔波的行为确实值得商榷。姚明甚至出现了连续数场的出场时间都超过了 40 分钟。可以相信范甘迪绝对不想拖垮姚明的身体，但是他实际上是在冒险，是在拖垮姚明的双腿。

冒险终究会带来厄运的。在常规赛休斯敦火箭与洛杉矶快船的一场比赛中，姚明跳起想封盖快船球员的投篮，落地时，右膝下方连续遭到队友海耶斯以及对方球员蒂姆·托马斯的撞击，姚明的膝盖甚至还被托马斯的身体压了一下，倒地后，姚明马上捂着自己的膝盖，表情极为痛苦。

姚明立即被送往休斯敦的赫尔曼纪念医院，接受核磁共振检查。据球队训练师琼斯透露，姚明右腿的胫骨出现骨折，火箭方面原本估计姚明只是骨头被撞伤，出现瘀血，但实际情况更严重一些，琼斯也表示，现在只能寄望无须动手术来治愈这次伤病。右脚膝盖下方出现骨折，姚明至少需要休战六周。没有了姚明的火箭，在这场比赛中，最终以93∶98负于快船。失败的原因来自哪里？几乎不言而喻。就是因为主教练不肯正常起用替补球员，增大了姚明身体损耗的风险，使得姚明身体被累垮，最终受伤就在所难免了。假如主教练可以合理安排每一个球员，让球队稳扎稳打，而不是急于提升自己的战绩就不会出现这种情况了。

伯纳德·劳·蒙哥马利是第二次世界大战中英国的卓越将领。

1887年蒙哥马利出生在伦敦肯宁顿的一个牧师家中。1907年，他进入了桑德赫斯特皇家军事学院。他参加过第一次世界大战，并因作战勇敢而被授予优异服务勋章。第二次世界大战初期，蒙哥马利作为第3师师长成功地组织了敦刻尔克撤退。1942年，他出任英国驻北非第8集团军司令，在阿拉曼战役中打败德国著名将领"沙漠之狐"隆美尔，从而扭转了北非的战局。北非战役结束后，他率部与美军一起转战西西里和意大利，并于1944年1月升任第21集团军群司令，负责计划、组织和实施诺曼底登陆战役。1944年9月1日，蒙哥马利被授予元帅军衔，同年5月代表英国接受德国北方军的投降。1958年秋，蒙哥马利光荣退役，曾荣获各种高级勋章和外国勋章。

蒙哥马利戎马一生，征战时间长达50年，他服役的时间超过了英国的著名将领威灵顿，其卓越的指挥才能、无比的敬业精神、对战士细致入微的关心，使他在英国军界和广大人民中享有崇高的威望。人们都承认他是20世纪战争舞台上的一位卓越将领，是第二次世界大战中颇有建树的英国名将。至今，蒙哥马利指挥北非战役的铜像仍然是英国国防部广场上唯一的雕像。

蒙哥马利之所以成为世界名将，是因为他从不打无准备的仗，他不会为了急于求成而冒险，他从不险中求胜，从来都不会靠运气打仗,他总是稳中求胜,用自己有把握的方式作战。他把一切都计划好,然后稳扎稳打,让战局完全掌握在自己手上,正因如此,他才屡战屡胜,终成世界名将。

做好一件事是不能只靠运气的,就像下棋一样,下棋总会有输有赢。铤而走险,想要险中求胜往往会输得一败涂地。如果按照计划好的路子走下去,完全掌握大局,稳扎稳打,那么胜利虽然来得慢,但终究会到来的。因此,"宁走十步远,不走一步险"。宁肯一点点地有保证地向成功靠近,也不要破釜沉舟似的赌运气。

保持谦逊才能邂逅成功

世界上没有十全十美的人,我们每个人都应该正确地认识自己,不但要认识自己的优势和长处,更要了解自己的劣势和短处。俗话说:"谦虚使人进步,骄傲使人落后。"保持谦虚的人常常能够邂逅成功,而骄傲的人总是会因为自己的自负而酿成苦果。

谦虚是成功者的秘诀,更是成功者的美好品质。即使你的学习成绩很好,工作业绩很优秀,你也应该保持谦逊低调的姿态。每个人都有其自身的弱点,就是再聪明的人也不例外。别人再愚笨,也会有我们学习的地方。因此,每个人都应该存有一颗低调谦虚的心,只有谦虚的人才会不断地进步,才会不断去努力并以此来提高自己。

梅兰芳是我国著名的京剧大师,他不仅在京剧艺术上有很深的造诣,而且还是画画的高手。他曾经拜名画家齐白石为师,向他虚心求教,每次都是礼数有加,并经常为齐白石磨墨铺纸,完全不因为自己是个著名演员而自傲。

有一次,齐白石和梅兰芳一同到一个朋友家做客,齐白石先到了,他穿的是布衣布鞋,而其他宾朋则是西装革履或长袍马褂,因此显得齐白石有些寒酸,不引人注意。过了一会儿,梅兰芳也到了,主人非常高兴出门相迎,其余宾客也都蜂拥而上,一一同他握手。可梅兰芳知道齐白石也来赴宴,便四下环顾,寻找他的老师。忽然,他看到了被大家冷落在一旁的齐白石,于是他就让开别人伸过来的手,挤出人群向齐白石恭恭敬敬地叫了一声"老师",向他致意问安。在座的人见到这种情况感到很惊讶,齐白石也深受感动。几天后就特向梅兰芳馈赠了《雪中送炭图》并题诗道:"记得前朝享太平,布衣尊贵动公卿。如今沦落长安市,幸有梅郎识姓名。"

梅兰芳不仅拜齐白石为师,他也曾拜普通人为师。有一次,他在演出京剧《杀惜》时,在众多喝彩叫好声中,他听到有个老年观众说"不好"。戏唱完后,梅兰芳来

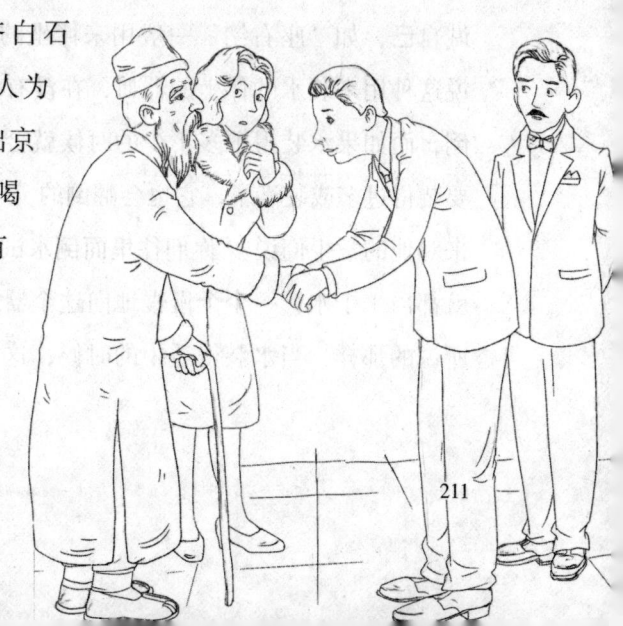

不及卸妆更衣就用专车把这位老人接到家中，然后恭恭敬敬地对老人说："说我不好的人，是我的老师。先生说我不好，必有高见，定请赐教，学生决心亡羊补牢。"老人于是便说道："阎婆惜上楼和下楼的台步，按梨园规定，应是上七下八，而你却为何八上八下？"梅兰芳听了恍然大悟，连声称谢。从此以后，梅兰芳经常请这位老先生观看他演戏，请他指正，称他"老师"。

俗话说"满招损，谦受益"，自满的人会招来损害，谦虚的人会得到益处。

孔子是我国历史上著名的教育家，思想家。他一生留下了无数的精神财富，后世尊称他为圣人，但是他却一直保持谦虚的态度。

有一次，孔子带着学生到鲁桓公的祠庙里参观，他看到了一个用来装水的器皿，这个器皿倾斜地放在祠庙里。

孔子便向守庙的人问道："请你告诉我，这是什么器皿呢？"守庙的人告诉他："这是欹器，是放在座位右边，用来警诫自己，如'座右铭'一般用来伴坐的器皿。"孔子说："我听说这种用来装水的伴坐的器皿，在没有装水或装水少时就会歪倒，而如果水装得不多不少的时候就会是端正的，里面的水若要装得过多或装满了，它也会翻倒的。"说完，孔子立即回过头来对他的学生们说："你们往里面倒水试试看吧！"学生们听后就都舀来了水，一个个慢慢地向这个器皿里灌水。果然如孔子所说的那样，当水装得适中的时候，这个器皿就端端正正地立在那里。不一会儿，水灌满了，它就翻倒了，里面的水也不停地流了出来。再过了一会儿，器皿里的水流尽了，就又倾斜了，还是像原来一样歪斜在那里。

这时候，孔子便长长地叹了一口气说道："世上哪里会有太满而不倾覆翻倒的事物啊！"

敧器装满水就会倾覆翻倒，这就告诉我们一定要保持谦虚，不要骄傲自满。凡是骄傲自满的人，没有不失败的。

懂得低调处世的人，才能获得一片广阔的天地，成就一项完美的事业，更能赢得一个蕴涵厚重、丰富充沛的人生。经常看到自身的不足，就能够使自己谦虚；总是看不到自身的不足，而认为自己比别人聪明，就会使自己骄傲，而最后往往会为骄傲付出代价。

1929年3月14日是爱因斯坦的50岁生日。世界各地的报纸都发表了关于爱因斯坦的文章。在柏林爱因斯坦的住所中，装满了好几篮子从全世界寄来的祝寿的信件。

然而，此时的爱因斯坦却不在自己的住所里，他在几天前就来到了郊外的一个农舍里躲了起来。

爱因斯坦9岁的儿子问他："爸爸，您为什么那样有名呢？"爱因斯坦听了哈哈大笑，对他的儿子说："你看，瞎甲虫在球面上爬行的时候，它并不知道它走的路是弯曲的。而我则正相反，有幸觉察到了这一点。"爱因斯坦就是这样一个谦虚的人，名声越大，他就越谦虚。

成就越大，越要保持谦虚，只有这样才会向着更高的目标迈进，相反地，如果获得了一点点成绩后就骄傲自满，妄自尊大，最终就会停滞不前，不会再有更高的追求，从而最终被别人超越。

所以保持一颗谦虚的心吧，只有这样你才会不停地奋斗，不停地向着人生一个又一个的高峰攀登。

朋友可广交，但不可滥交

人是群居性的动物，因此每个人都不能离开人群而单独地生存。人的群居性表现在每个人都需要别人的关怀和帮助，一个没有朋友的人是可悲的。一个人如果没有朋友，他就很难在社会上生存下去。没有朋友的人，他终究会被竞争激烈的社会淘汰。可见，朋友对于人来说是多么的重要。

每个人都需要朋友，心情好时，需要有朋友来一起分享自己的喜悦；心情糟糕时，更需要朋友安慰和关心；有麻烦时，需要朋友挺身而出；有目标时同样也需要朋友一道为之努力。总之，朋友是每个人的生活中必不可少的。朋友多了路才好走。

然而，朋友固然是重要的，但绝对不能说朋友越多越好。朋友可广交，但是一定不能滥交。交朋友一定要交好朋友，要交那些信得过的人，而不能交那些平时称兄道弟，一有事情就装作不认识的狐朋狗友。

廉颇蔺相如二人冰释前嫌，握手成友，共同保卫国家的安危；马克思恩格斯二人亦师亦友，肩并肩为无产阶级革命不断地贡献力量；许许多多的感人友情让我们赞叹。海内存知己，天涯若比邻。一个知己可以温暖一颗冰冷的心，一个好朋友可以让你重拾斗志。

在个人获取成功的道路上，自我奋斗固然必不可少，但是离开了朋友的帮助和支持，我们就会成为孤家寡人，各种麻烦、忧虑和烦闷就会接踵而来。所以，我们一定要存着广交朋友的心态，努力结识新朋友，不忘老朋友，这样路才更好走。

曾经看到这样一个寓言故事：有一头很老的驴子，有一天它在树下吃草时遇见了一只老蜘蛛，于是它便向这只蜘蛛大吐苦水说："唉！命运真是太不公平了，我从很小的时候就开始辛勤劳作，每天都起早贪黑，没有一天懈怠过，但是即使这样，我仍然是生活困难勉强能够糊口。现在我年岁已老，正在一点点地丧失我的劳动力，唉，我命中注定是要被主人遗弃的。再瞧瞧你，我从来没见你劳作过，你却衣食丰足。就是现在老了，你仍不愁吃喝，总会有落网者送来美味佳肴。不是说天道酬勤吗？不是说一分耕耘一分收获吗？可是现在为什么是这个样子呢？这世道为什么这么不公平！"

老蜘蛛听了驴子的话回答道："你说我没有劳作，这是不对的。我年轻的时候，每天饿着肚子，日复一日地织着我的这张网。织好后，我才能够靠着这张网生活，这张网不会因为我年老了就失去作用，因此我虽然年事已高，但是生活不愁。如果我也像你一样靠着我这几条纤细的腿来生活,我就会过得比你还惨。"

驴子固然艰辛,它任劳任怨地工作,从来都不懈怠。但是到老了也会落得一个不好的结果。蜘蛛现在享受着安逸的生活,那是因为他年轻时积累了资本,靠着这个资本他完全可以过一个幸福的晚年。

在人类社会,蜘蛛织的那张网就代表了交际范围。在人群中有很多像驴子一样不怕吃苦的人,他们每天辛勤工作,不怨天不怨地,很少去交际、去沟通。然而还有很多像蜘蛛一样的人,他们懂得朋友的重要性,跟朋友之间互帮互助,从而使得自己有了很好的生活环境,使得自己的生活更加轻松。

在现代社会中,人与人之间的交往变得越来越频繁。在社会这个大舞台上,一个人如果想要生存和发展下去就必须善于与他人建立良好的关系,必须以交朋友的心态为人处世。否则,缺少朋友、脱离社会,就会让你寸步难行。

但是,交朋友一定要慎重。好的朋友当然是一个人的财富,知心朋友更是难得。高山流水遇知音,俞伯牙钟子期二人互相倾慕,珍惜彼此的情谊,为世人颂扬。每个人的思想、生活方式都是不同的,这就决定了很难有非常投机的朋友,而得到知音就更不容易了。所以,不要认为朋友是越多越好的,拥有一两个知心的朋友,就很好了。

交朋友一定要看清对方,思索对方是不是值得交朋友的人,而不是秉承多多益善的原则而滥交朋友。俗话说"近朱者赤,近墨者黑"。朋友之间总是相互影响的,物以类聚,人以群分。如果你和品质高尚、富有修养的人交朋友,你自然就会受到其熏陶,从而促使你往更好的方向发展;相反地,如果你和品质低劣、不三不四的人保持频繁的往来,不久你就也会慢慢地染上像他们一样的恶习,甚至变得比他们还糟糕。因此,交朋友时,不光要看他与你的共同点有多少,还要看他为人的准则。总之一句话,交朋友万万不可疏忽大意。

交朋友就一定要交那些有志向的、讲义气的人,只有这样的人才会促进你自身的进步。一定要记住,朋友不在多,知己一个就好,朋友可以广交,但绝对不能滥交。

一寸不牢,万丈无用

世间事,都是相互联系的,通常,一件事情当中的各个环节都存在一定的关系,彼此互为依靠,相辅相成,共同组成了一个整体。也正是因为这彼此的联系,才让这些事、这些物品,能够更加紧凑、牢固,显得更和谐。因此,我们在做事的时候,就不能漏掉任何一个环节,哪怕那环节是微不足道的。不过,话虽如此,想要真正做到有些难。特别是面对那些小事的时候,往往都由于不够心细而忽略了,结果导致整个事情都没有做成,甚至是造成让人扼腕的后果。这不是危言耸听,而是每天都在发生的事情。关于这点，我们的祖先早就注意到了，人们常说的老话"一寸不牢，万丈无用"，说的就是这个道理。事实也确实如此，一样东西是否牢固，往往不在于其大多部分，哪怕一万丈中，有九千九百九十丈九分都是非常牢固的，只有剩下的那一丈不够牢固，也很可能出问题。而这一丈正是我们最容易忽视的那一部分。

在现代管理理论中，有一个著名的理论叫木桶理论，又称木桶原理或短板理论。它是由美国管理学家彼得提出的，其核心内容为：一只木桶盛水的多少，并不取决于桶壁上最高的那块木块，而恰恰取决于桶壁上最短的那块。根据这一核心内容，"木桶理论"还有两个推论：其一，只有桶壁上的所有木板都足够高，木桶才能盛满水。其二，只要这个木桶里有一块不够高度，木桶里的水就不可能是满的。这和我们所说的老话不谋而合。

那么，一个企业如果想成为一个结实耐用的木桶，首先要想方设法提高所有板子的长度。只有让所有的板子都维持"足够高"的高度，才能充分体现团队精神，完全发挥团队的作用。在这个充满竞争的年代，越来越多的管理者意识到，只要组织里有一个员工的能力很弱，就足以影响整个组织是否能达成预期的目标。

在实际工作中，管理者往往更注重对"明星员工"的任用，而忽视对一般员工的任用和开发。如果企业将过多的精力关注于"明星员工"，而忽略了占公司多数的一般员工，会打击团队士气，从而使"明星员工"与团队其他成员之间失去平衡。而事实证明，对"非明星员工"激励得好，效果可以大大胜过对"明星员工"的激励。因为，虽然"明星员工"的光芒很容易看见，但占公司人数绝大多数的是非明星员工。

有一个普通华讯员工，由于与部门主管的关系不太好，工作时的一些想法不能被肯定，从而忧心忡忡、兴致不高。正巧，摩托罗拉公司需要从华讯借调一名技术人员去协助其做市场服务。于是，华讯的总经理在经过深思熟虑后，决定派这位员工去。这位员工很高兴，觉得这是一个施展自己拳脚的机会。去之前，总经理只对那位员工简单交代了几句："出去工作，既代表公司，也代表我们个人。怎样做，不用我教。如果觉得顶不住了，打个电话回来。"

一个月后，摩托罗拉公司打来电话："你派出的兵还真棒！""我还有更好的呢！"华讯的总经理在不忘推销公司的同时，也着实松了一口气。这位员工回来后，部门主管也对他另眼相看，他自己也增添了信心。后来，这位员工对华讯的发展做出了不小的贡献。

通过这个例子，我们知道了对"短木板"的激励，可以使"短木板"慢慢变长，从而提高企业的总体实力。人力资源管理不能局限于个体的能力和水平,更应把所有的人融合在团队里,科学配置,好钢才能够用在刀刃上。木板的高低与否有时候不是个人问题,是组织的问题。

想必大家都听说过"千里之堤溃于蚁穴"这个成语。就是说酿成大祸的,可能就是一个小小的问题。"挑战者"号航天飞机事件就是个典型的例子。

"挑战者"号是美国正式使用的第二架航天飞机。开发初期,人们就对其投注了很多心血,不但有最尖端的科技,最专业的科学家,也投入了很多的财力和物力,同时,舆论对它也给予了非常多的关注,大家都把这当作一件大事,是人类航天史上的一项壮举。"挑战者"号原本被作为高仿真结构测试体的,但在完成初期测试任务后,科学家们把它改装成正式的轨道载体,并定于1983年4月4日正式投入使用,进行任务首航。1986年1月28日,"挑战者"号在进行第10次太空任务时,突然爆炸,一时引起轰动。人们都为它感到惋惜,同时,也对那些在事件中丧生的人表示了极大的哀悼。

可是,任谁也没有想到,集各种高科技于一身,耗费了巨大的资源的"挑战者"号,之所以爆炸是因为右侧固态火箭推进器上面的一个O形环失效,从而导致了一连串的连锁反应。

相信,很多人面对这一事实的时候,心里都是无法接受的。是啊!那可是航天飞机啊!是人类最尖端的科技,也是我们最大的智慧结晶,但是,它竟然毁于一个小小的O形环。航天飞机上的零件不止千万个，其中比这个小小的 O 形环重要的也是无法计数的，但是，正因为它的一点小小的问题，让整个机体都遭受了损害，最终爆炸，当时航天飞机上的 7 名工作人员也都遇难，这不能不说是一个悲剧。但愿以后这样的悲剧不再发生。

通过这些事例，我们应该明白。很多时候，那些看似不起眼的问题，或者某些我们觉得无所谓的东西，其实都是有着很重要的作用的。它们本身可能很微小，不足以让我们重视，但其很可能会引起巨大的反应。就像有科学家说的那样，一个小小的蝴蝶煽动一下翅膀，就可能引起很远地方的一场风暴。

我们一定要记住这句老话"一寸不牢，万丈无用"，把它融入自己的意识当中，时时刻刻提醒自己。不但在做事的时候如此，做人也一样。我们要做就做各个方面都很优秀的人，不要让自己有各种小毛病，很多时候，这些小毛病可能就会成为那个溃堤的蚁穴，或者是引起爆炸的 O 形环。

总之，要以严格的标准来要求自己。不但做人要完美，做事也一样，对任何一件小事，都不要忽视其可能起到的作用。做到了，你就更容易走向成功。

卒子过河能吃车马炮

很多人都会下象棋，自然也懂得其中的规矩。一般来说，人们是不太在意象棋中的卒子的，认为它们没有大的用处，不但行动缓慢,杀伤力也极其有限,但是,经常下象棋的人都知道,看似没用的小卒子一旦过了河,就有了大的用处。它们就可以横冲直撞,可以吃掉车马炮,甚至可以吃掉对方的老将。

由此,我们能明白一个道理,不要小看那些不起眼的人,他们很可能是真正的人才。现在不如意,没有大的作用,不过是没有得到施展的机会罢了。一旦给他们机会,定会有一番作为。同样,如果我们正处在卒子的位置,也不要灰心丧气,要相信自己,要相信机会总有一天会降临到自己头上的,到那时,你就可以成就一番事业了。

不要小看那些平常的人,他们很可能是胸怀大志的英雄,也很可能是怀才不遇的勇士,今天的落魄,不过是一时的不得志罢了。一旦时机成熟,他们定会翻身,成就自我,展现出自己的价值。所以,我们应该知道,不管是什么人,都是值得尊重的,以现在的处境来评价一个人是非常愚蠢的行为。因为你看到的只是表象罢了,至于其后来会发展成什么样,是谁也不敢确定的。

李君是一个很普通的人,她来自农村,有着农村人质朴的情感。她不怕苦不怕累,每天天快黑时,她和丈夫就从家里出来,开始张罗搭篷布,摆桌椅。然后老公掌勺,老婆招呼客人,卖些普通的小菜。他们的主要客人就是那些夜猫子和过路司机。两口子每天都是辛苦一晚上,天快亮时才收摊,赚的钱虽然不多,但也足以解决温饱。就这样,两口子勤勉而辛苦地工作着,既发不了家,也饿不了肚子。这样的情况持续了一年之久。两人开始打鼓了,因为他们看不到未来。城市里的高楼正一天天拔地而起,各色新的东西也都在每天涌现,但两个人还是跟以前一样,没有半点改变,也看不到改变的可能。

他们也想过去创业,但是保守的思维决定了,两个人很难迈出那第一步。就这样,日子一天天过着,平淡而又宁静。但是,人注定是有追求的,李君他们也一样。

突然的一个机会,改变了他们的生活,两个人打听到,在离他们住地不远的地方,有一家饭店不干了,正在以低价出租房子,那个地理位置很好,是开饭店的不二之选,而且,价钱也不贵。

两个人商量了很久,也没有作出个决定,因为房租虽然相比别的地方不算贵,但对两人来说,依然是一笔不小的开支,差不多已经是他们全部的积蓄了。如果一旦生意失败,两个人连平淡的生活都过不了了。更重要的是,他们不认为自己有能够经营好饭店的

本事，在他们眼里，自己就是最普通的老百姓……

最后，希望战胜了恐惧，两个人拿出了全部积蓄，租下了房子，很快，他们的饭店就开张了，两个人也忙碌了起来……

如今，李君已经是那座城市里的餐饮界名人了，他们开了很多的分店，也有很多的顾客。

事情往往就是如此，我们不看好那人，觉得他不算什么，但很可能他几年后就会变成"韩信"。面对自己的时候也是，以为自己就是一个小卒子，成不了大气候，但是如果你足够努力，就会发现，自己原来也是可以吃掉"车马炮"的，就像李君，如果不迈出那一步，她永远是个普通的小贩。

所以，我们要意识到，没有永远的失败，只有暂时的不成功。如今是小卒子的人不一定永远是小卒子，就算永远是小卒子，有一天过河之后，依然可以吃掉车马炮。对别人如此，对自己亦然。当我们看到平凡的他人时，不要嘲笑他们。当我们自己面对平淡或是困苦的生活时，不要丧失信心，而是应该努力去寻找那过河的机会。如果你做到了这些，那么，你就会认识更多能吃掉"车马炮"的卒子，你，也很有可能会变成一个能吃掉"车马炮"的卒子。到那时，你就离成功很近了。

第十二章

喜怒哀乐：
人逢喜事精神爽，
闷上心来瞌睡多
——追求宁静，享受快乐

日图三餐,夜图一宿

随着生活水平的提高,竞争越来越激烈,人们的心态发生了很大的改变。社会上很多的人都显得非常的浮躁,攀比之风也日渐激烈。

其实人应该学会知足,只有知足才会常乐。人怎样过都是一辈子,为何不快快乐乐地过一生呢?日图三餐,夜图一眠。保持一颗知足的心会让自己更加快乐。

心理学原理告诉我们,快乐是一种心理活动,是一种精神状态。快乐的心情与心理的满足感是紧密联系在一起的。因为人们的成长经历和家庭背景不同,使得不同的人对同一件事的认知也就不同,有时甚至是完全相反的。在有的人眼里,人生不如意之事十之八九,无论大事小情、好事坏事,总之他们都

没有满意的时候,以至于他们经常与郁闷、烦恼为伍,每天都在郁闷中哀叹。

从前,城里面住着一位大财主,他拥有很多的房产,在乡下还有几百亩田地,他饲养了数百头牛羊。总而言之,这财主家大业大,腰缠万贯。

财主的生意都有人帮助打理,自己根本就不用操心。财主平时穿的是最好的衣服,吃的是山珍海味,住的是大屋阔院,睡的是最昂贵的高级床,盖的是罗帐锦被。然而即使如此,财主却从来都不觉得快乐,他整天还在为家族的产业发展不理想、赚钱太少而烦恼。他总是独自一人唉声叹气,坐立难安,甚至经常失眠,久而久之,他的精神变得非常不好。

在他家隔壁住着一个理发师,名字叫阿贵。他三十多岁了仍没有妻儿,每天只能赚到"几个银钱"的理发钱,仅仅够日常的生活开支,阿贵生活虽然过得清淡一点,但天天无忧无虑的,过得十分潇洒。每天晚饭后,阿贵便在小木屋里躺着然后放声地唱歌,直到午夜唱累了便喝一杯泡好的茶,接着一觉睡到第二天的9点钟后再起床,又开始给别人理发。

财主也许是因为过分忧虑自己的生意,或者因为阿贵晚上唱歌的声音太大了,让他更加难以入睡。有一天早上,财主便把掌柜叫过来问道:"隔壁的阿贵每天都吃不饱、住不好,又没有妻儿,为什么他却能够这样开心,每天晚上都在唱歌呢?而我这么多钱为什么快乐不起来呢?"掌柜听了财主的话便微笑地对财主说:"因为他懂得知足常乐!"财主听了点了点头,然后对掌柜说:"那么怎样才能够让他不会唱歌呢?"掌柜微笑地说:"这非常容易,只要你能借给他十两银子就可以了。""这样就可以吗?"财主将信将疑地问。"绝对没问题,"掌柜非常有信心地对财主说。"那好,你明天就借十两银子给他,我倒要看看你说得对不对,"财主还是很怀疑地说。

第二天,掌柜就来到了阿贵的理发店刮胡子,他问阿贵:"阿贵,你都剃了二十多年的头了,却仍然没存下几个钱,现在你已经三十出头了,却连个老婆都没有,你还不如改行去做一些小生意呢。"阿贵笑着对掌柜说:"我每天只能赚几个理发钱,那有本钱去做生意呢。""那你想不想做生意呢?我可以帮你。"掌柜很认真地问阿贵。阿贵无奈地说:"当然想啊,可是我的确是没有本钱!"掌柜听了非常兴奋地说:"如果你想做生意,我可以帮你向我老板借十两银子给你做本钱,利息还可以比别人的稍低一点。"听了掌柜的话阿贵喜出望外,然后惊讶地问掌柜:"是真的吗?""绝不会假。"掌柜笑呵呵地说。阿贵又着急地追问:"那么什么时候可以借钱给我啊?""明天上午就可以。"掌柜非常有把握地说。"好吧,如果这件事成了的话,今天帮你刮胡子的钱就不收了,以后还要请你喝酒呢!""好啊!"掌柜开心地说。不一会儿,掌柜刮完了胡子,阿贵便十分高兴地送掌柜出门并对他说:"那我明早上去找你。""好的。"掌柜对阿贵笑了笑。

这天晚上阿贵非常激动,他整晚都在想:"有了这十两银子后,我就可以去做生意了,以后我就会赚很多的钱,有了钱可以盖房子,然后我就可以取一个妻子,以后有人做家务了,还可以让她生儿育女,传宗接代……"

第二天天还没亮,阿贵就早早到了财主家门口。等到8点多,财主的店铺开了门,他就马上进去找到了掌柜,掌柜非常爽快地借了十两银子给他。拿着这十两银子,阿贵似乎看到了自己以后的生活。

从这天起,阿贵就不理发了。他开始琢磨做什么买卖好。也就是从这个晚上开始,阿贵的屋内再也没有了欢乐的歌声。而财主这晚也非常好奇地和掌柜一起到阿贵房前,来听一听阿贵是否还会唱歌。很久后,他们都没有听到阿贵唱歌的声音,然后就大笑着回去睡觉了。

几天后的一个晚上,掌柜到阿贵家里找他聊天。掌柜说:"阿贵,为什么这段时间没听到你唱歌呢?"阿贵非常苦恼地低声说道:"别提了,自从你借给我十两银子之后,我真的不知道用来做什么生意好。并且钱又不多,我又不懂做生意,到期后又要归还本息,以后我真不知该怎么办了?现在烦还来不及,那还有心情唱歌呢?"掌柜听了哈哈大笑,然后十分得意地走出阿贵的屋子。

这故事说明了"知足者常乐"的道理。这个财主本来应该是快乐的,就是因为他不知足,所以他快乐不起来。而阿贵本来生活艰苦,但他能知足常乐,所以他过得非常满足,然而当他得到了十两银子后,每天忧心忡忡的,最终使得自己变得苦不堪言。

人都需要进取心不假,但这并不是要你去事事必争,永不满足。人与人是不同的,如果你总是把别人的成就放大,把自己的优点缩小,你就会永远生活在处处不如人的阴影里,最终会影响到你的生活,让你的生活更加烦恼、困惑。"日图三餐,夜图一眠",放松心态,你会发现生活会变得非常简单、轻松。

欢娱嫌夜短,寂寞恨更长

俗话说得好:"欢娱嫌夜短,寂寞恨更长。"一个人如果感到快乐就会觉得时间飞快,快乐的时光是如此短暂。相反地,如果一个人心里烦闷,孤单寂寞,就会觉得时间是如此地漫长,是如此难挨。人生不如意之事常八九,我们不能每件事都去抱怨、去悲伤、去烦恼。如果那样,人的一生就会被苦恼所占据,也就没快乐可言。

人的一生很短暂,短暂到转瞬即逝。人的一生又非常漫长,漫长到让人感到人生无聊至极。其实,人生的长短是一样的,之所以不同人有不同的感觉是因为他们的心态。

波尔赫特是世界著名的话剧演员,她在世界戏剧舞台上活跃了长达50年的时间。然而当她71岁在巴黎时,却突然发现自己破产了。更糟糕的是,当她在乘船横渡大西洋时,不小心摔了一跤，腿部受了很严重的伤，而且引发了静脉炎，人生对她似乎非常不公平。

不得已波尔赫特四处寻求医生。经过诊断，她的主治医师认为必须把腿截去才能使她转危为安。可是，医生却迟迟不敢把这个可怕的消息告诉给波尔赫特，生怕她听到这个噩耗后做出什么疯狂的举动。

但事实却出乎医生的意料。当他最后不得不把这个消息告诉波尔赫特时，波尔赫特竟然非常平静。波尔赫特注视着他，然后平静地对他说："既然没有别的更好的办法，那就按照你说的方法办吧。"

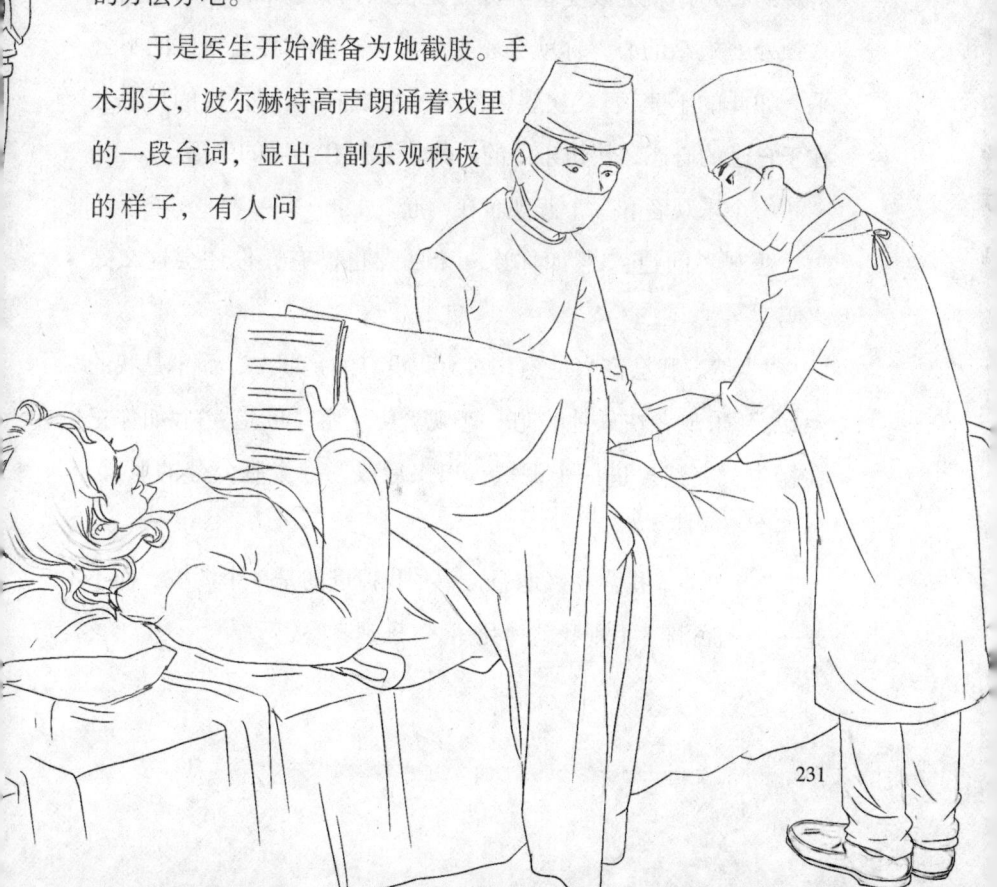

于是医生开始准备为她截肢。手术那天，波尔赫特高声朗诵着戏里的一段台词，显出一副乐观积极的样子，有人问

她是否在安慰自己,她的回答是:"不,我是在安慰医生和护士,因为他们太辛苦了。"

手术后,波尔赫特恢复得很快。不久后就又开始了话剧表演,她顽强地在世界各地演出,在舞台上一演就又是7年。

波尔赫特的遭遇可以用"糟糕"来形容,面对同样的情况,很多人有可能自暴自弃,为自己的下辈子感到迷茫,然而波尔赫特以平常心待之,手术后依然在自己喜爱的话剧舞台上奉献着自己,她的乐观态度真的是值得我们学习啊!

生活得快乐与否全在于自己的态度,如果你拥有一颗快乐乐观的心,你就会发觉世界处处是快乐;反过来,如果你拥有一颗处处抱怨的心,你就会越来越觉得这个世界是如此的不公平,如此的不完美。"欢娱嫌夜短,寂寞恨更长",夜的长短全在于自己的心态,快快乐乐的,你才会拥有美满的生活。

一个乐观者和一个悲观者在一起。

悲观者问道:"假如你连一个朋友也没有,你还会这么高兴吗?"

"当然。我会高兴地想,幸亏我没有的是朋友,而不是我的生命。"乐观者快乐地答道。悲观者听了继续问道:"假如你正在行走,突然掉进一个泥坑,出来后成了一个脏兮兮的泥人,你还会高兴吗?"

"当然了,我会高兴地想,幸亏我掉进的是一个泥坑,而不是一个无底洞,否则我就摔死了。"乐观者答道。

悲观者接着问："假如你被人莫名其妙地打了一顿，你还会这样快乐吗？"

乐观者说道"当然了，我会非常高兴地想，幸亏我只是被打了一顿，而没有被他们杀害。"

悲观者问："假如你在拔牙时，医生错拔了你的好牙而留下了病牙，你还高兴吗？"

"当然，我会非常高兴地想，幸亏他错拔的只是一颗牙，而不是我的内脏，我还健康地活着。"

悲观者接着问："假如你的妻子背叛了你，你还会高兴吗？"

"当然，我会高兴地想，幸亏她背叛的只是我，而不是我们的国家。"乐观者快乐地说。

悲观者又问："假如你马上就要失去生命了，你还会感到高兴吗？"

"当然了，我会高兴地想，我终于可以高高兴兴地走完我的人生之路了。我可以随着死神，高高兴兴地去参加一个盛大的宴会。"

乐观者和悲观者的对话生动地说明了，一个人的人生是否快乐取决于他自己是否觉得快乐。快乐地看待一些事情，就会有快乐的感觉，而悲观地看待事情，则会产生悲观的感觉。

人的一生会遇到许许多多的困难和不平，你大可不必因此就感到悲观、泄气。如果遇见问题就失落的话，那么人生就会是一个永远没有快乐的过程。

从前在杞国，有一个人，他的胆子非常的小，他总是会想到一些特别奇怪的问题，让人觉得莫名其妙。

有一天，他吃过晚饭以后，拿了一把大扇子，然后坐在门前瞅着天空发呆，接着自言自语地说："假如有一天，天塌了下来，那该怎么办呢？我们岂不是无路可逃，而将活活地被压死，这不就太惨了吗？"想到这个问题，他顿时非常恐慌。

从此以后，他每天都会为这个问题发愁，他非常烦恼，终日茶不思饭不想。朋友见他终日精神恍惚，脸色憔悴，都很替他担心，于是都关切地询问。然而，当大家知道了他哀叹的原因后，都跑来劝他说："老兄啊！你何必为这件事自寻烦恼呢？天怎么会塌下来呢？再说即使真的塌下来，那也不是你一个人忧虑发愁就可以解决的啊。想开点吧，日子还是要过的，整天这样愁眉苦脸的也没有用啊。"

可是，无论人家怎么说，他就是不听，仍然时常为这个不必要的问题担忧。久而久之，人也瘦了，变得萎靡不振，整天浑浑噩噩的，胡言乱语。他的朋友也渐渐地与他疏远了。

这个杞国人每天都为天塌下来这件不可能的事情而担惊受怕，使得自己的生活变得凌乱不堪，其实大可不必这样，就算是天要塌下来了，整天的唉声叹气也是没用的，更何况天是不会塌下来的。假如他有一颗积极乐观的心，那么他就不会为此事烦恼了。

总之，要想让你的生活快快乐乐的，就保持良好的心态吧。

蚕丝作茧，自缚其身

俗话说："蚕丝作茧，自缚其身。"比喻做了某件事，结果使自己受困；也比喻自己给自己找麻烦。人行不善则作茧自缚，自食恶果。生命的意义并不在于生活强加于你的形式，而在于无论经历什么样的生活，你都能保持一颗无悔的善良之心。无论现实怎样捉弄人，都不应该丢失善良的本性。

从前有一只自作聪明的狐狸，它从来都不学习如何捕捉猎物，只管吃，喝，玩，乐。这只狐狸长大后，父母都去世了，可它由于没学习捕捉动物，所以整天只有空着肚子。

为此，森林里的动物全都嘲笑它，觉得狐狸非常没用，狐狸自己也觉得非常没面子。

有一天，它又在四处闲逛。刚好，一只老虎从它门前走过，它心想："如果我消灭了凶猛的老虎，其他的动物会不会高看我一眼呢？"

想到这里狐狸便对老虎说："老虎大哥，我知道有个小岛，岛上有很多的兔子，我们何不去美餐一顿。"

老虎也正在寻找食物，听了狐狸的话，非常高兴，于是满口答应了。

到了岛的入口处，有一座小桥，狐狸让老虎等它过去后再过去，狐狸一到对岸，看见老虎上了桥，立马把支撑桥的绳子切断，老虎掉下海里摔死了。可是，过了一会儿，狐狸突然猛拍自己脑瓜子，大叫："惨了！"原来这个小岛四面都是海洋，只有靠绳索桥来连接陆地，可现在绳索桥断了，狐狸被困在那个漂流的小岛上了，不久就被饿死了。

狐狸一心想要害死老虎，不料最终自己也困死在岛上，最终死在了自己的手上，可见作茧自缚终究是没有好下场的。

人不能够丢失自己的善良本性，丢失了一颗善意的心，人就会变得如同走肉一般；时常保持一颗宽容的心，善良的灵魂，人才会变得宁静，无欲无求。

有一天，狼发现在山脚下有个山洞，许许多多的动物都会从此处经过。狼非常地高兴，它把这个洞的其他出口都堵上，然后隐藏在洞的另一端，等待动物们来送死。不一会儿，一只老虎来到了洞口，狼顿时被吓坏了，拔腿就跑，老虎见到了狼便穷追不舍。可是所有的出口全部都被狼堵死了，狼活生生被堵在了洞里，没有任何出路，最终无法逃脱，被老虎吃掉了。

狼存着杀害其他动物的心，终招致自己的灭亡。可见保持一颗平和善意的心灵是多么重要，常存恶念只会作茧自缚。

蚕丝作茧，自缚其身，懂得了这个道理后，何不心平气和的追求宁静，享受快乐呢？

养生先养德，德高人自寿

养生的方法虽然很多，但唯有修心养德才是养生的总法。因此，才有"养生先养德，德高人自寿"的说法。事实证明，那些德高望重、宽以待人、乐于助人的人，不仅品德高尚，而且身心健康、快乐长寿。

如今，人们都在大力提倡养生，但却往往忽略了养生的前提——修德，要知道"养身必须养德""大德必得其寿"。因此，从养生的角度看，行善积德乃是养生的根本。对此，孔子曾经提出"德润身""大德必得其寿""仁者寿""修身以道，修道以仁"等观点；还有明代的《寿世保元》也说："积善有功，常存阴德，可以延年"等，明确地告诉我们行善、快乐与养生之间的关系。因此，优良的品德修养，有益于人的健康长寿。

为什么善良者能长寿呢？曾有一项研究课题叫"社会关系如何影响人的死亡率"。通过这一课题，研究者发现，那些心怀恶意、损人利己、与他人相处不融洽的人，其死亡率比正常人高出1.5~2倍；而那些乐善好施、与他人相处融洽的人，其预期寿命要显著延长。这是因为常常行善、心怀感恩的人，有益于自身免疫系统，而乐于助人可以激发他人的友爱感激之情，这样助人者就可以从中获得内心的温暖，从而大大缓解了日常生活中常有的焦虑。

而那些对他人怀有敌意、视别人

处处为敌的人，遇到事情往往一触即发、暴跳如雷，这样就很容易使血压升高，甚至酿成任何药物都难以治愈的高血压，而且其心脏冠状动脉阻塞的程度也就越大。这是由于那些缺乏道德修养、唯利是图的人会令自己终日陷入紧张、愤怒和沮丧的情绪之中，如此大脑就得不到很好的休息，而身体系统功能活动也会相对失调、免疫力下降，以致患病折寿。

正直善良、乐于助人、宁静处世、淡泊名利等良好的行为与心态，能使人的心境保持平静乐观、精神愉快，这样人的机体就会在正常而均衡的状态下运行。而这种良好的心理和精神，便能促进机体分泌更多的有益激素，从而把血液的流量、神经细胞的兴奋调节到最佳状态，增强机体的抗病能力，促进人的健康与长寿。

医学界多年来对长寿老人的研究发现，大凡长寿者，90%左右的老人都是德高望重者。因此，养生一定要在日常生活中修炼好自己的情操。

一、善良的品行

做人要正直，遇事出于公心，平常应淡泊名利，不为世俗势力所动，更不能用敌意、仇恨与他人相处。经常行善积德，无忧无惧、心境平和，使身心常处于一种最佳的状态，如此虽粗茶淡饭亦寿比南山。

二、大公无私

老子主张做人要"少私念，去贪心"，认为"祸莫大于不知足,咎莫大于欲得"。是的,一个人如果在物质享受上怀有很大的贪心,必然会得陇望蜀、损人利己。贪得无厌,就会损公肥私,这样一来就会令自己也终日魂不守舍,然而,一旦心理负担过重就会损害健康。

三、建立良好的人际关系

建立良好的人际关系,是一个人生活的重要内容。生活在社会之中,一定要遵守社会道德规范,尊重他人,有责任感,互谅互助,宽厚待人,如此,才能够妥善地处理人际交往中的各种矛盾与冲突。而和谐的人际关系,是一种天然的镇静剂,有助于消除精神紧张,促进人体各组织器官功能的健全,使人的神经调节达到最佳状态,从而益寿延年。

四、心胸坦荡

一个挖空心思、不择手段的人,必然会作贼心虚,令自己产生紧张、恐惧、焦虑、内疚等心态,这种无形的负担和心理压力,会引起人体器官功能紊乱等一系列生理变化。长此以往,就很容易诱发某些疾病。因此,心胸坦荡,对人对事都能胸襟开阔、光明磊落、无患无求,使自己的身心处于淡泊宁静的良好状态,才能精神泰然、身体健康。

自古以来,为了长寿,人们采取了各种方法,但往往忽视了精神方面的因素和道德的修养,才导致养生达不到应有的效果。因此,努力实现精神与道德境界的最好体现,是养生者必先修好的课程,一定要切记。

攒钱好比针挑土，败家犹如水推沙

"攒钱好比针挑土，败家犹如水推沙"，大致意思是积攒钱财好比用针一点点地挑土，散尽家业就如流水冲走沙子；比喻攒钱很不容易，花钱却很容易。这句老人言告诫人们要珍惜自己得来不易的劳动成果，勤俭节约，千万不要奢侈浪费。

上至国家，下至一个团体或家庭，靠的是一代又一代的艰苦朴素和勤俭节约的精神，才能建立起坚实的基础；而不是靠投机取巧，一夜暴富。历史上有卧薪尝胆的勾践，经过"十年生聚，十年教训"的积累，顽强渡过难关，从而使越国一步一步走向强大，最终打败了吴国，洗去了灭国的奇耻大辱，从而留下一世英名。然而勾践忍辱负重20年积累起来的家业，最终在继承者的手里走向了灭亡。唐代大诗人李白曾赋诗感叹越国的结局："越王勾践破吴归，战士还家尽锦衣。宫女如花满春殿，只今惟有鹧鸪飞。"前一个忍辱负重，犹如浴火重生的凤凰。勾践用了近20年的时间，从一个亡国的君主到打败强大的吴国，从而取而代之，这个过程可谓壮烈，这种精神可谓令人敬佩。可惜，好不容易建立起来的家国，竟然毁于一旦，令人惋惜。所以，"败家犹如水推沙"我们一定要引以为戒。

朱元璋的故乡凤阳，流传着这样的一段歌谣："皇帝请客，四菜一汤，萝卜韭菜，着实甜香；小葱豆腐，意义深长，一清二白，贪官心慌。"朱元璋给马皇后庆祝寿诞，只用红萝卜、韭菜,青菜两碗,小葱豆腐汤,宴请众大臣。并且还约法三章:今后不论谁家摆宴席,只许这个标准,谁要是违反这个规定,一定要严惩不贷。从中可以看出,大明江山能存在几百年,多多少少与朱元璋的勤俭节约的作风有关。

季文子出身于将相世家,是春秋时期鲁国的贵族。他为官数十载,清正廉明。他一生俭朴,从不奢华,并且要求家人也过跟他一样简朴的生活。他穿衣不讲求华丽,只求朴素整洁,除了朝服之外,平时没有几件像样的衣服,每次外出,所乘坐的马车也极其简单,没有什么装饰。

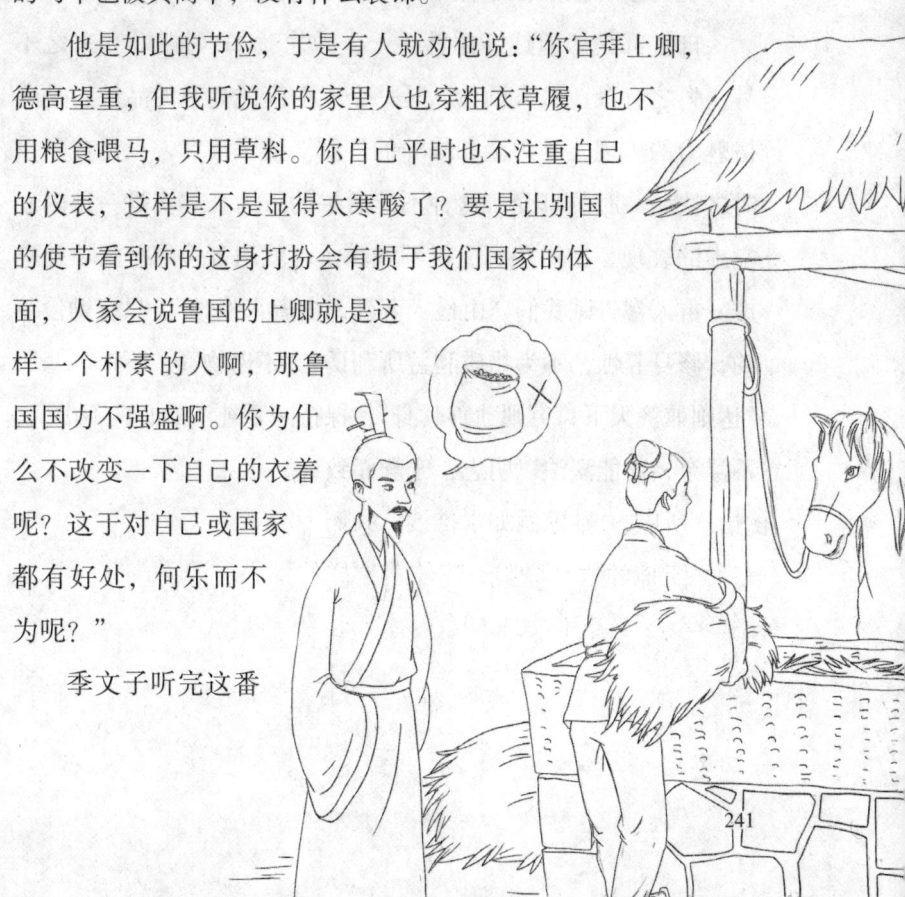

他是如此的节俭,于是有人就劝他说:"你官拜上卿,德高望重,但我听说你的家里人也穿粗衣草履,也不用粮食喂马,只用草料。你自己平时也不注重自己的仪表,这样是不是显得太寒酸了?要是让别国的使节看到你的这身打扮会有损于我们国家的体面,人家会说鲁国的上卿就是这样一个朴素的人啊,那鲁国国力不强盛啊。你为什么不改变一下自己的衣着呢?这于对自己或国家都有好处,何乐而不为呢?"

季文子听完这番

言论，淡然一笑，对那人严肃地说："我也想把家里布置得富丽堂皇，妻妾穿绫罗绸缎。但是你看看我们国家的百姓，他们还生活在困境中，有很多人还在吃糠咽菜，穿着破旧不堪的衣服，还有人正在挨饿受冻；想到这些，我们怎能忍心过奢华的生活，如果平民百姓生活困苦不堪，而我的妻妾却锦衣玉食，马匹用粮食饲养，这哪里还有为官的良心啊？况且，我还听说，评判一个国家是否强盛，只能通过臣民的高洁品行表现出来，并不是以他们拥有多少美艳的妻妾和肥壮的骏马来评定的。"

　　季文子艰苦朴素的生活，成为大家竞相效仿的榜样。

　　自古都是"攒钱好比针挑土，败家犹如水推沙"。来之不易，失之有余。做人勤俭，是一个人的高风亮节的品性，是人格魅力的体现，是内涵和修养的外露。铺张浪费，只是贪图一时之快、一时的享受，这种不计后果的行为，其实是一种内心空虚的表现，在一些事上得不到满足，就用奢侈的行为填补空虚。古人常告诫我们"由俭入奢易，由奢入俭难"。只有勤俭节约，修身养性，不为物质利益所利诱，"不以物喜，不以己悲"，"达则兼济天下，穷则独善其身"，保持一颗纯洁的心，不虚荣，不浮夸，才能淡泊以明志，宁静而致远。

图书在版编目(CIP)数据

不听老人言，不光吃亏在眼前：你一辈子都要听的老话 / 刘江川编著. —北京：中国华侨出版社2017.12（2024.1 重印）
ISBN 978-7-5113-7116-4

Ⅰ.①不… Ⅱ.①刘… Ⅲ.①人生哲学—通俗读物 Ⅳ.① B821-49

中国版本图书馆 CIP 数据核字（2017）第 264283 号

不听老人言，不光吃亏在眼前：你一辈子都要听的老话

编　　著：刘江川
责任编辑：唐崇杰
封面设计：冬　凡
美术编辑：吴秀侠
经　　销：新华书店
开　　本：880mm×1230mm　1/32 开　印张：8　字数：230 千字
印　　刷：三河市燕春印务有限公司
版　　次：2018 年 1 月第 1 版
印　　次：2024 年 1 月第 8 次印刷
书　　号：ISBN 978-7-5113-7116-4
定　　价：35.00 元

中国华侨出版社　北京市朝阳区西坝河东里 77 号楼底商 5 号　邮编：100028
发行部：（010）88893001　　传　真：（010）62707370

如果发现印装质量问题，影响阅读，请与印刷厂联系调换。